MG动画
设计与制作

文杰书院 编著

基础操作 + 动画交互 + 特效应用 + 实战案例

（微视频版）

U0252274

清華大學出版社

北 京

内 容 简 介

本书通过通俗易懂的语言、精挑细选的实用技巧、翔实生动的操作案例，全面介绍了MG动画设计与制作的相关知识。本书基于Adobe After Effects 2022编写，主要内容包括MG动画基础入门、快速掌握MG动画制作流程、设计与制作关键帧动画、蒙版与遮罩动画、表达式动画、形状图层动画、文字动画、物体运动动画、综合应用案例等方面的知识及技巧。

本书适用于MG动画设计与制作的初级读者，包括无基础又想快速掌握制作MG动画的人员，更适合相关从业人员作为自学手册，同时还可以作为高等院校和培训机构MG动画等相关专业课程的教材。

图书在版编目 (CIP) 数据

MG动画设计与制作：基础操作+动画交互+特效应用+实战案例：微视频版/文杰书院编著. —北京：清华大学出版社，2023.10 (2024.7重印)

ISBN 978-7-302-64725-6

Ⅰ．①M… Ⅱ．①文… Ⅲ．①动画制作软件 Ⅳ．①TP391.414

中国国家版本馆CIP数据核字(2023)第192511号

责任编辑：魏　莹
封面设计：李　坤
责任校对：马素伟
责任印制：宋　林
出版发行：清华大学出版社
　　　　　网　　　址：https://www.tup.com.cn，https://www.wqxuetang.com
　　　　　地　　　址：北京清华大学学研大厦A座　　　　邮　　编：100084
　　　　　社 总 机：010-83470000　　　　邮　　购：010-62786544
　　　　　投稿与读者服务：010-62776969，c-service@tup.tsinghua.edu.cn
　　　　　质量反馈：010-62772015，zhiliang@tup.tsinghua.edu.cn
印 装 者：三河市君旺印务有限公司
经　　销：全国新华书店
开　　本：187mm×250mm　　印　张：18.75　　字　数：468千字
版　　次：2023年10月第1版　　　　　　印　次：2024年 7月第2次印刷
定　　价：99.00元

产品编号：100214-01

前 言

当前，动画设计不再局限于二维或三维动画创作，还逐步形成了全新的 MG 动画表现形式。其通过简单的艺术造型元素、灵活而多变的节奏，使人们获得了全新的认知。随着技术的发展，MG 动画的应用范围越来越广泛，其独特的表现形式，深受广大设计爱好者喜爱及追捧。为了帮助初学者快速了解和掌握 MG 动画设计与制作，我们编写了本书。

一、本书能学到什么

本书在编写过程中，根据初学者的学习习惯，采用由浅入深、由易到难的方式讲解，为读者提供了一个全新的学习和实践操作平台，无论是对基础知识的安排还是实践应用能力的训练，都充分考虑了用户的需求，可令其快速达到理论知识与应用能力的同步提高。全书结构清晰、内容丰富，主要包括以下几方面的知识。

1. 快速掌握 MG 动画基础

第 1 ～ 2 章，初步介绍了 MG 动画以及 After Effects 2022 软件基础操作方面的知识，包括 MG 动画概述、MG 动画商业领域应用、制作 MG 动画的相关软件、制作简单的 MG 动画、MG 动画制作概述、创建项目、管理动画素材、运用关键帧制作动画、制作图层动画、渲染输出动画文件等方面的知识及相关操作方法。

2. 设计与制作关键帧动画

第 3 章，介绍了设计与制作关键帧动画的相关知识，包括时间与关键帧、关键帧的编辑、图表编辑器等方面的相关知识及操作方法。

3. 使用 After Effects 制作 MG 动画效果

第 4 ～ 8 章，介绍了使用 After Effects 软件以多种方式制作 MG 动画的相关方法，包括蒙版与遮罩动画、表达式动画、形状图层动画、文字动画、物体运动动画等方面的操作方法及应用案例。

4. 案例应用

第 9 章为实战案例，通过制作批阅数学笔记动画的实际操作，可以使读者掌握使用 After Effects 2022 软件制作 MG 动画的精髓，提升 MG 动画制作的综合实战技能水平。

二、丰富的配套学习资源和获取方式

为帮助读者高效、快捷地学习本书知识点，我们不但为读者准备了与本书知识点有关的配套素材文件，而且还设计并制作了精品短视频教学课程，同时还为教师准备了 PPT 课件资源，读者均可以免费获取。

（一）配套学习资源

1. 同步视频教学课程

本书所有知识点均提供同步配套视频教学课程，读者可以通过扫描书中的二维码在线实时观看，也可以将视频课程下载到手机或者计算机中离线观看。

2. 配套学习素材

本书为每个章节的实例提供了配套学习素材文件，如果想获取本书全部配套学习素材，读者可以通过"读者服务"文件获取下载方法。

3. 同步配套 PPT 教学课件

教师购买本书，可以获取与本书配套的 PPT 教学课件，以及"课程教学大纲与执行进度"。

4. 附录 A 综合上机实训

对于选购本书的教师或培训机构，可以获取 7 套综合上机实训案例，通过综合上机实训可以巩固和提高学生的实践动手能力。

5. 附录 B 知识与能力综合测试题

为了巩固和提高读者的学习效果，本书提供了 3 套知识与能力综合测试题，便于学生和其他读者完成学习效果检验。

6. 附录 C 课后习题及知识与能力综合测试题答案

我们提供了与本书有关的课后习题、知识与能力综合测试题答案，便于读者对照检测学习效果。

（二）获取配套学习资源的方式

读者在学习本书的过程中，可以使用微信的"扫一扫"功能，扫描右侧二维码，下载"读者服务 .doc"文件，获取与本书有关的技术支持服务信息和全部配套学习资源。

读者服务

本书由文杰书院组织编写。我们真切希望读者在阅读本书之后，可以开阔视野，提升实践操作技能，并从中学习和总结操作的经验和规律，达到灵活运用的水平。鉴于编者水平有限，书中纰漏和考虑不周之处在所难免，热忱欢迎读者予以批评、指正，以便我们日后能为您编写更好的图书。

编 者

目 录

第1章
MG 动画基础入门

本章主要介绍 MG 动画概述、MG 动画商业领域应用、制作 MG 动画的相关软件方面的知识与技巧，在本章的最后还针对实际的工作需求，讲解制作简单的 MG 动画的方法。通过对本章内容的学习，读者可以掌握 MG 动画基础入门方面的知识，为深入学习 MG 动画设计与制作知识奠定基础。

用手机扫描二维码
获取本书学习素材

1.1　MG 动画概述

随着社会的发展与时代的进步，设计领域一直在不断开拓创新，这使得视觉表现形式也越来越趋于多样化。MG 动画注重视觉表现形式，同时具备一定的叙事性。随着技术的发展，MG 动画的应用范围越来越广泛。本节介绍一些关于 MG 动画的基础知识。

1.1.1　什么是 MG 动画

MG 动画，英文全称为 Motion Graphics，可译为动态图形或者图形动画，通常指的是视频设计、多媒体 CG 设计、电视包装等。动态图形指的是"随时间流动而改变形态的图形"。简单来说，动态图形可以解释为会动的图形设计，是影像艺术的一种。

MG 动画作为一种新衍生的设计形式，在视觉上沿用了平面设计的表现形式，在技术上使用的是动画制作手段。传统的平面设计主要是平面媒介上相对静态的视觉表现，而 MG 动画则是在平面设计的基础上制作出来的影像视觉符号。MG 动画设计可以把原本处于静态的平面图像和形状转变为动态的视觉效果，也可以将静态的文字转化为动态的文字动画，如图 1-1 所示。

图 1-1

MG 动画是一种直接、亲和同时具有很强的视觉吸引力和传播力的表现形式，它通过扁平化、极简的方式来表达内容，短小精悍，但可以展现巨大的信息量，在追求快速、简洁、碎片化世界的互联网大环境下，深受人们的喜爱。目前 MG 动画被广泛运用于平面、UI、网页、广告、影视等领域。

1.1.2　MG 动画的特点

相比 Flash 动画、文字与平面设计等这些常见的表现形式，MG 动画是一种全新的叙事和表达方式，其丰富的画面和简洁流畅的动画效果可以为观众带来视觉上的动态享受，这种差异也正是 MG 动画的特点。下面详细介绍 MG 动画的一些特点。

1. 性价比高

对比真人形象，动画的形象制作成本会低很多，可以降低广告主的成本投入。因此 MG 动画相比较传统的宣传手段，性价比很高。

2. 风格多样化

根据不同项目可设计独有的风格，如扁平化风格、抽象线条风格、插画风格、手绘风格等。多样的风格特点赋予 MG 动画更多的优势，鲜明的特点让 MG 动画更受欢迎。

3. 商业范围广

MG 动画适用于公司宣传、产品介绍、App 推广、普法宣传、政策讲解、商业加盟、项目培训、信息发布、数据分析、课程培训、团队介绍等。可以说，MG 动画已经成为企业推广的新形式，在项目介绍动画和政府动画方面有很多良好的案例。

4. 更快传播

MG 动画通过线上社会化媒体推广投放，用有趣的内容引发关注与转发，其短、平、快的互联网传播方式，传播速度快，几天就可以席卷微博、朋友圈，还不让人反感。

5. 更具创意

MG 动画内容生动有趣，能将复杂的信息简单直观地传递给用户，易于被用户理解接受，可以快速捕获用户，占领市场，提高转化率。

1.1.3 MG 动画的类型

MG 动画能够将平面设计元素进行立体化，重新赋予其新的生命力及表现力。在这个快节奏的时代，比起传统的二维动画，MG 动画更符合人们快速吸收资讯的习惯，灵动多变的动态图形也更能吸引人们的目光。下面详细介绍几种常用的 MG 动画类型。

1. 扁平化风格

扁平化是一种比较常见的风格，具有画面简洁、个性鲜明的特点。它去除了繁杂的装饰，通过简单的线条、图形发挥出独特的优势。

2. 插画风格

插画也称为插图，常见的有影视、包装、广告、游戏设计等形式。插画风格的 MG 动画就是把以上插画形式制作出动态的效果，它与一般 MG 动画的制作原理基本相同，不过在原画设计和动态设计上会相对复杂。

3. 点线科技风格

点线科技风格较为特别，是近几年流行起来的动画风格，具有高端、大气的特点。它以科技感的线条为主，通过富有设计感的图形展示信息，常常被用到金融、互联网等领域，这种风格的基调是科技感的线条，在视觉上的效果非常强烈，多用于现场新闻发布会和开幕式。

这种风格最经典的应用是 2013 年秋季苹果 iOS7 大会上由加州苹果设计的创意视频，它将优雅的圆点，简单的黑、白和灰色，以及柔和的音乐发挥到极致。

4. 2.5D 风格

"伪 3D"表面看上去似乎是三维的，但其实就是二维的 MG 动画。这种风格是设计界非常火的 2.5D 风格，也就是人们熟悉的"纪念碑谷"风格。简单来说，它就是一个 60°侧视的立方体，它可以通过不同的颜色、结构、质感来表现相同风格但不同类别的 2.5D 世界，这也是很多设计师毕生所追求的创意设计。

以上就是 MG 动画常用的几种类型。不过 MG 动画的风格也不是完全固定的，在以上四种风格中，常常会因为想法、方案、需求不同而进行画风上的改动，甚至将这些风格混搭起来，其效果也是非常不错的。

1.2 MG 动画商业领域应用

MG 动画在如今的多媒体领域已经无处不在，其简约、灵动，又极富趣味性、包容性和互动性的特点，相比平面设计中的静态文字、图像和图形，其表现形式更具优势。作为近年来大热的表现形式，MG 动画融合了动画的运动规律、平面图形设计和电影视听语言，并将动画、平面设计和电影语言巧妙地结合在了一起，能以一种非叙事性、非具象化的视觉表现形式和观众进行互动。本节将详细介绍 MG 动画的主要应用领域及商业价值。

1.2.1 产品宣传片

相较于枯燥的文字和旁白解说，MG 动画通过图形变换和音乐相搭配的综合效果，可以帮助观众更好地了解产品。其生动的画面、丰富的色彩、动感十足的特效加上充满活力的解说，非常适合表现产品的特点及功能。如图 1-2 所示是一则 MG 动画风格的产品宣传片。

图 1-2

1.2.2 商业活动视频

在商业活动中，相较传统的主持人讲解，动感的音乐搭配变幻丰富的图形动画会更显趣味性，在一定程度上丰富了观众的视觉体验。

1.2.3 音乐 MV

一些电子类的音乐 MV 往往难以用实拍 MV 表达合适的意境，而用点、线、面变换表现的 MG 动画则很符合电子音乐的风格，如图 1-3 所示。

图 1-3

1.2.4 科普动画

一些介绍人体功能、历史事件、旅游攻略等类型的科普动画，用传统的 2D 动画手段制作会比较慢。而 MG 动画制作起来相对便捷，可以大大提高制作效率，同时表现效果也毫不逊色于传统 2D 动画，如图 1-4 所示。

图 1-4

1.2.5 公司宣传与招聘

传统展示公司宣传与招聘的方式是方便的 PPT 软件，但 MG 相对于 PPT 来说更加简洁明了，在讲解时也相对节省时间，如图 1-5 所示。

图 1-5

1.2.6 其他领域应用

MG 动画的运用远不止上述这些领域，产品的动态 Logo、App 产品展示、ICON 动效设计、电视节目包装等都可以通过 MG 动画来实现，部分效果如图 1-6 和图 1-7 所示。

图 1-6　　　　　　　　　　　　　　　　　　图 1-7

1.3　制作 MG 动画的相关软件

　　MG 动画的应用越来越广泛了，虽然平台上的很多 MG 动画制作师都是按秒收费的，但是很多公司和企业对此依旧非常喜爱，因为 MG 动画的包容性和趣味性相比传统的视频要高很多，所以如果能够掌握 MG 动画的制作，不仅能省下一大笔费用，同时还有可能将此作为自己的副业来发展。那么制作 MG 动画的软件都有哪些呢？本节将详细介绍一些制作MG 动画的相关软件。

1.3.1　动画制作与合成——After Effects

　　After Effects 是一款十分专业的动画制作软件，也是设计、视频从业者桌面上必不可少的工具。After Effects 功能强大，集视频制作与后期合成于一体。越专业的软件，越需要熟练的技术操作，所以初学者往往要花费很长的时间先了解 After Effects 的相关内容，才能用它进行创作，时间成本还是比较高的。如图 1-8 所示为 After Effects 2022 的工作界面。

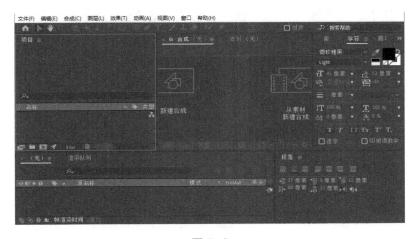

图 1-8

1.3.2 图片处理与修饰——Photoshop

Photoshop 是一款功能非常强大的图像处理软件，从照片编辑、合成，到数字绘画、动画和图形设计，Photoshop 都可以胜任，其广泛应用在设计相关的各个行业，比如平面设计、摄影后期、原画、插画、影视后期制作、二维动画制作等。Photoshop 工作界面如图 1-9 所示。

图 1-9

1.3.3 矢量绘图——Illustrator

Illustrator 是一款应用于出版、多媒体和在线图像的制作工业标准矢量插画的软件。作为一款非常好的矢量图形处理工具，该软件主要应用于印刷出版、海报书籍排版、专业插画制作、多媒体图像处理和互联网页面的制作等方面。Illustrator 2022 工作界面如图 1-10 所示。

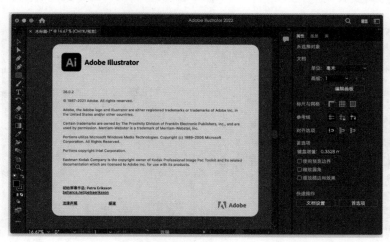

图 1-10

1.3.4　动画制作——Animate（Flash）

Adobe Animate 简称 AN，是 Adobe 公司对 Flash 软件的升级改造，在支持原有 Flash 开发工具基础上新增 HTML 5 创作工具，为网页开发者提供更适应现有网页应用的音频、图片、视频、动画等创作支持。它可以用来制作二维动画、MG 动画、互动课件，以及开发一些程序类的交互式动画等，其使用方便，简单易上手，动画制作周期短。Animate 的工作界面如图 1-11 所示。

图 1-11

1.3.5　高效动画制作——Cinema 4D

Cinema 4D 是德国 Maxon Computer 公司开发的一款三维制作软件，以极高的运算速度和强大的渲染插件著称，通常简称为 C4D。所有三维立体的产品或者是场景都可以用 C4D 软件制作，该软件具有很多强大的功能，比如建模、灯光、材质、绑定、动画、渲染等。Cinema 4D 工作界面如图 1-12 所示。

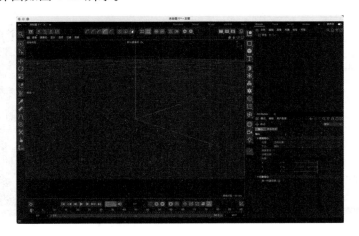

图 1-12

1.4　实战案例与应用——制作简单的 MG 动画

读者通过实战案例的学习，可增强动手能力，达到举一反三、触类旁通的学习效果。本节将带领读者学习制作一个简单的 MG 动画，在边学边做的过程中了解制作 MG 动画的基本流程，为之后制作更复杂的 MG 动画打下基础。下面具体讲解如何制作一个简单的海岛风情风格 MG 动画。

1.4.1　导入素材

在制作简单的 MG 动画之前，需要导入动画的相关素材。本例将使用 After Effects 2022 软件制作简单的 MG 动画，下面先详细介绍导入素材的操作方法。

＜＜ 扫码获取配套视频课程，本节视频课程播放时长约为 54 秒。

配套素材路径：配套素材\第1章
素材文件名称："制作简单的MG动画"文件夹

操作步骤　　　　　　　　　　　　　　　　　　　　Step by Step

第 1 步 启动 After Effects 2022 软件，进入其操作界面。选择【合成】→【新建合成】菜单项，如图 1-13 所示。

第 2 步 弹出【合成设置】对话框，**1.** 设置【宽度】和【高度】分别为 1024px 和 768px，**2.** 设置【帧速率】为 25 帧 / 秒，**3.** 设置【持续时间】为 5 秒，**4.** 单击【确定】按钮，如图 1-14 所示。

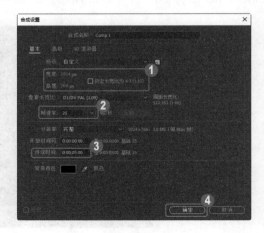

图 1-13　　　　　　　　　　　　　　　　图 1-14

第 3 步 选择【文件】→【导入】→【文件】菜单项，在弹出的【导入文件】对话框中找到"制作简单的 MG 动画"文件夹，*1.* 选中其中所有的素材，*2.* 单击【导入】按钮，如图 1-15 所示。

第 4 步 在【项目】面板中即可看到导入的所有素材，分别将"背景 .jpg"、"海浪 .png"素材拖曳到【时间轴】面板中，并设置【背景 .jpg】图层的【缩放】参数为 110%，如图 1-16 所示。

图 1-15

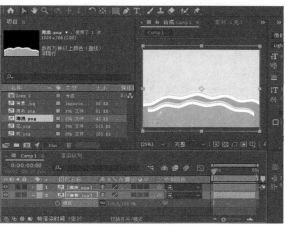

图 1-16

1.4.2 制作动画

 本例主要通过设置图层属性关键帧来制作动画效果，使用横排文字工具输入文字、对文字图层添加投影效果并设置关键帧，从而完成简单的 MG 动画效果。下面详细介绍制作本例动画效果的操作方法。

<< 扫码获取配套视频课程，本节视频课程播放时长约为 2 分 28 秒。

 配套素材路径：配套素材\第1章

素材文件名称："制作简单的MG动画"文件夹

操作步骤 Step by Step

第 1 步 将【项目】面板中的"海岛 .png"素材文件拖曳到【时间轴】面板中的【海浪 .png】图层下方，设置【缩放】参数为 80%，如图 1-17 所示。

第 2 步 将时间指示器拖曳到起始帧的位置，开启【海岛 .png】图层下【位置】的自动关键帧，设置【位置】参数为（512,750）。将时间指示器拖曳到第 1 秒处，设置【位置】参数为（512,573），如图 1-18 所示。

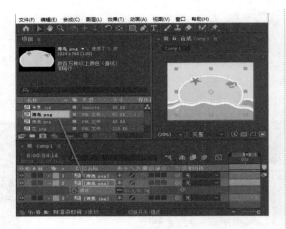

图 1-17

第3步 将【项目】面板中的"花 .png"素材文件拖曳到【时间轴】面板中的【海岛 .png】图层下方，将时间指示器拖曳到 1 秒 10 帧处，开启【位置】和【缩放】的自动关键帧，设置【位置】参数为（672,433）、【缩放】参数为 0%，如图 1-19 所示。

第4步 将时间指示器拖曳到第 2 秒 10 帧处，设置【位置】参数为（672,274）、【缩放】参数为 50%，如图 1-20 所示。

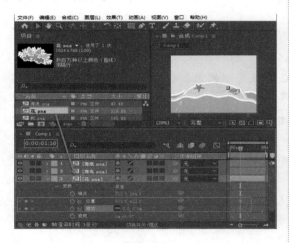

图 1-19

图 1-20

第5步 拖曳时间指示器可以查看效果，如图 1-21 所示。

图 1-21

第6步 将【项目】面板中的"树.png"素材文件拖曳到【时间轴】面板中的【花.png】图层下方，将时间指示器拖曳到 2 秒 10 帧处，开启【位置】和【缩放】的自动关键帧，设置【位置】参数为（295,447）、【缩放】参数为 0%，如图 1-22 所示。

第7步 将时间指示器拖曳到第 3 秒 10 帧处，设置【位置】参数为（295,220）、【缩放】参数为 50%，如图 1-23 所示。

图 1-22

图 1-23

第8步 拖曳时间指示器可以查看效果，如图 1-24 所示。

图 1-24

【第 9 步】 使用【横排文字工具】T 在【合成】面板中输入文字"海岛风情"，设置字体、字体大小、字体颜色，单击【粗体】按钮 T，如图 1-25 所示。

图 1-25

【第 10 步】 在【效果和预设】面板中搜索【投影】效果，并将其拖曳到【时间轴】面板的【文字】图层上，如图 1-26 所示。

图 1-26

【第 11 步】 在【效果控件】面板中设置【阴影颜色】为绿色，设置【距离】参数为 8，如图 1-27 所示。

【第 12 步】 将时间指示器拖曳到第 3 秒 10 帧处，开启【不透明度】的自动关键帧，设置【不透明度】参数为 0%；将时间指示器拖曳到第 4 秒 10 帧处，设置【不透明度】参数为 100%，如图 1-28 所示。

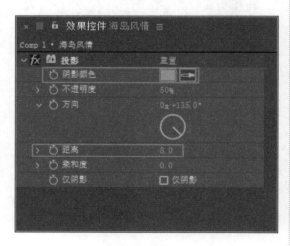

图 1-27

图 1-28

【第 13 步】 拖曳时间指示器即可查看最终制作的海岛剪贴画风格动画效果，如图 1-29 所示。

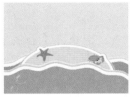

图 1-29

1.4.3 合成输出

　　项目制作完成之后，就可以进行视频的渲染输出了。由于每个合成的帧数量、质量、复杂程度和输出的压缩方法各不相同，输出影片可能会花费几分钟甚至数小时的时间。当完成项目合成后，用户可以在【项目】面板中选择准备输出的合成，进行影片的输出。下面详细介绍合成输出的操作方法。

<< 扫码获取配套视频课程，本节视频课程播放时长约为 30 秒。

 配套素材路径：配套素材\第1章
素材文件名称："制作简单的MG动画"文件夹

操作步骤 Step by Step

第1步 在【项目】面板中，选择准备进行输出的合成文件 "Comp 1"，然后在菜单栏中选择【合成】→【添加到渲染队列】菜单项，如图 1-30 所示。

第2步 在【渲染队列】面板中，设置渲染属性、输出格式和输出路径，然后单击【渲染】按钮，即可完成合成的输出，如图 1-31 所示。

图 1-30

图 1-31

📝 **知识拓展：渲染成多种格式或多种编码**

　　如果要将某合成项目渲染成多种格式或多种编码，可以在第 2 步之后选择【合成】→【添加输出模块】命令，添加输出格式和指定另一个输出文件的路径及名称，这样可以做到一次创建，任意发布。

1.5　思考与练习

一、填空题

　　1. _____，英文全称为 Motion Graphics，可直译为动态图形或者图形动画，通常指的是视频设计、多媒体 CG 设计、电视包装等。

　　2. MG 动画能够将平面设计元素_____，重新赋予其新的生命力及表现力。

　　3. _____是一种比较常见的风格，具有画面简洁、个性鲜明的特点。它去除了繁杂的装饰，通过简单的线条、图形发挥出独特的优势。

　　4. _____以科技感的线条为主，通过富有设计感的图形展示信息，常常被用到_____、_____等领域，这种风格的基调是科技感的线条，在视觉上的效果非常强烈。

　　5. 作为近年来大热的表现形式，MG 动画融合了动画的运动规律、_____和电影视听语言，并将动画、平面设计和电影语言巧妙地结合在了一起，能以一种_____、非具象化的视觉表现形式和观众进行互动。

　　6. 相较于枯燥的文字和旁白解说，MG 动画通过图形变换和音乐相搭配的综合效果，可以帮助观众更好地了解产品。其生动的画面、丰富的色彩、动感十足的特效加上充满活力的解说，非常适合表现产品的_____及_____。

　　7. Photoshop 是一款功能非常强大的_____软件，从照片编辑、合成，到数字绘画、动画和图形设计，Photoshop 都可以胜任。

　　8. _____是一款应用于出版、多媒体和在线图像的制作工业标准矢量插画的软件。

　　9. Adobe_____简称 AN，是 Adobe 公司对 Flash 软件的升级改造，在支持原有 Flash 开发工具基础上新增 HTML 5 创作工具，为网页开发者提供更适应现有网页应用的音频、图片、视频、动画等创作支持。

　　10. Cinema 4D 是德国 Maxon Computer 公司开发的一款三维制作软件，以极高的运算速度和强大的渲染插件著称，通常简称为_____。

　　11. 作为一款非常好的_____工具，Illustrator 主要应用于印刷出版、海报书籍排版、专业插画制作、多媒体图像处理和互联网页面的制作等方面。

二、判断题

　　1. 传统的平面设计主要是平面媒介相对静态的视觉表现，而 MG 动画则是在平面设计的基础上制作出来的影像视觉符号。　　　　　　　　　　　　　　　　　　　　（　　）

2. MG 动画设计把原本处于静态的平面图像和形状转变为动态的视觉效果，但不可以将静态的文字转化为动态的文字动画。　　　　　　　　　　　　　　　　　（　　）

3. 对比真人形象，动画制作的形象制作成本会低很多，可以降低广告主的成本投入。因此 MG 动画相比较传统的宣传手段，性价比还是很高的。　　　　　　　　　（　　）

4. 在这个快节奏的时代，比起传统的二维动画，MG 动画更能符合人们快速吸收资讯的习惯，动态图形的灵动多变也更能吸引人们的目光。　　　　　　　　　　　（　　）

5. 插画风格的 MG 动画就是把插画制作出动态的效果，它与一般 MG 动画的制作原理基本相同，不过在原画设计和动态设计中会相对简单。　　　　　　　　　　　（　　）

6. 在商业活动中，相较传统的主持人讲解，动感的音乐搭配变幻丰富的图形动画会更显趣味性，在一定程度上丰富了观众的视觉体验。　　　　　　　　　　　　　（　　）

7. 一些介绍人体功能、历史事件、旅游攻略等类型的科普动画，用传统的 2D 动画手段制作会比较慢。而 MG 动画制作起来相对便捷，可以大大提高制作效率，同时表现效果也毫不逊色于传统 2D 动画。　　　　　　　　　　　　　　　　　　　　　（　　）

三、简答题

1. 简单概括一下什么是 MG 动画。

2. MG 动画的特点都有哪些？

第 2 章

快速掌握 MG 动画
制作流程

本章主要介绍 MG 动画制作概述、创建项目、管理动画素材、运用关键帧制作动画、制作图层动画方面的知识与技巧，在本章的最后还针对实际的工作需求，讲解渲染输出动画文件的方法。通过对本章内容的学习，读者可以掌握 MG 动画制作流程方面的知识，为深入学习 MG 动画设计与制作知识奠定基础。

2.1　MG 动画制作概述

　　MG 动画的制作包含很多个环节，每个环节都很重要。相对而言，中后期的创作环节都是基于前期的剧本、设定等环节，因此前期工作尤为重要。本书篇幅所限，仅选取几个关键环节进行介绍。

2.1.1　脚本文案

　　在制作 MG 动画之前，客户或设计者要先明确具体的制作思路及想法，然后根据这个思路明确动画的大体时间、镜头数目、台词配音等。

　　好的文案可以弥补画面的不足，补充画面信息。在 MG 动画中，文案主要以两种形式存在，一种是画外音解说，需后期配音，如图 2-1 所示；另一种是纯字幕展示，如图 2-2 所示，后期不配音。这两种形式与画面相互补充、配合，让 MG 动画能够以一个更加完整的姿态呈现。在文案的创作过程中，首先要明确文案的形式，其次必须要考虑文案与画面的互补。

图 2-1

图 2-2

　　在一些商业项目中，文案的具体需求很多时候都来自于客户。剧本也是一种形式的文案，所有镜头动效围绕文案进行，因此在文案的创作过程中，需要充分考虑客户的需求以及画面信息之间关系的处理，既要满足客户需求，也要兼顾艺术创作，双方需要反复沟通，协商一致，让整个 MG 动画更具观赏性。MG 动画的文案创作，最重要的是语句应精简准确，便于压缩时长，另外，文字的画面感要强，这样有利于设计师把握设计要点。

　　一部 MG 动画的整体基调在于文案和画面，其中文案主要用于传递作者的设计意图和诉求，还可以丰富画面，突出主旨，能够让受众领会主题的意义，如图 2-3 所示。

2.1.2　美术设定

　　在进行绘制工作前，需要设定好动画的主体造型、画面色调及风格等。一般情况下，根据前期的脚本文案，先把设定的角色统一绘制出来，然后用一两页纸稿来确定色调，以保证后期画面整体的统一。如果确立好了动画的整体风格，就可以根据脚本大批量开始绘制原画分镜了，如图 2-4 所示。

图 2-3

图 2-4

2.1.3 设计分镜头

分镜头指的是制作 MG 动画之前，在文案的基础上，通过文字以及绘图方式对每一个镜头进行设计，按照顺序标注镜头，并在每个镜头下面写上对应的文案。在这个过程中，画面的表现形式、运动、形象和场景的风格设计都能得以体现，如图 2-5 所示。

MG 动画的镜头多为二维画面，根据实际情况也会穿插一些三维画面。在 MG 动画中，创作分镜头可以提高整个制作环节的效率，动画师能够利用分镜头在最短时间内完成实际需求的动画。在分镜头的创作过程中，需要注意三个方面：镜头的设计、场景的设计、画面风格的设计。分镜头要考虑沟通和制作时间等成本，既不要太潦草，也不要画得太细。

图 2-5

2.1.4　绘制素材

美术风格、分镜头设计完毕后，便可以进入中期的创作环节。MG 动画主要由简单的几何图形组成，好的绘画功底和配色技巧可以极大提升整体的视觉体验。绘制素材是完成分镜头细化的原画绘制过程，需要把动画部分和背景或者各种元素分离出来，如图 2-6 所示。

图 2-6

在软件使用方面，素材主要用 Illustrator 作为绘制工具、Photoshop 作为处理工具。由于 MG 动画大多使用的是矢量素材，所以一般是先在 Illustrator 中把需要的图形绘制出来，然后导入其他软件进行后期的处理和制作。

如果是创作以"人"为主元素的 MG 动画，可以根据文案设计一套具有相同风格的卡通形象，如图 2-7 所示。在这里需要注意的是，设计的人物是以制作 MG 动画为目的，所以在人物的肢体上需要具备灵活性和可操作性。场景的绘制是把在分镜头脚本创作过程中所绘制的场景在软件上实现，此时需要以文案和整个 MG 动画基调为基础，在 Illustrator 中绘制矢量元素并导入动画制作软件。

图 2-7

2.1.5　声音的创作

一部 MG 动画的声音包括三个方面——配音、音乐、音效，MG 动画声音的创作也是基于这三个方面。

（1）配音指的是把创作好的文案以画外音的形式呈现在 MG 动画之中，来解释视频内容。配音的风格根据 MG 动画的具体需求而定。如一部偏商务的严肃类 MG 动画，对于配音的要求是口齿清晰、语音标准等。配音人员通过对情感以及节奏的把握，让配音达到最舒适的状态，将为后期动画情感和节奏的把控提供参照依据。

（2）在 MG 动画中，音乐部分大多是背景音乐以及穿插在动画中的场景音乐。背景音乐可来自于平时对音乐素材的积累，也可以邀请专业的工作室进行背景音乐的定制。场景音乐通常与 MG 动画内容相搭配，是内容的一个补充。

（3）音效可以进一步增强画面与环境的真实性与节奏感，对 MG 动画是一个很好的补充。音效通常来自于一些音效素材网站，这些网站会提供丰富的音效素材，将这些素材组合，可搭配成不同类型的声音效果。

知识拓展

配音可以根据项目实际情况来决定先后顺序。对于先配的声音，会根据配音时间的长短来绘制画面，而后面的配音只能依据画面的时间长短进行调整。为了避免出现画面和配音不协调的情况，对于没有经验的配音人员，建议先完成配音工作。

2.1.6　后期剪辑

在 MG 动画制作的过程中，后期剪辑的作用更多体现在检验动画是否能与配音同步上，这就要求动画师每隔一个时间点就要渲染导出一次动画，并把导出的动画导入 Premiere 等剪辑软件中检测是否与声音同步，如图 2-8 所示。这就在一定程度上能避免因音画不同步而进行反复修改的问题。画面承载着较多的信息量，因此把握画面的节奏尤为重要，而后期剪辑则是把握节奏的一个关键性步骤。

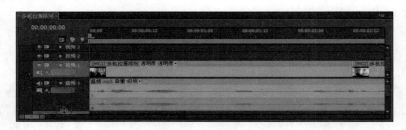

图 2-8

2.1.7 合成动画

有了前期的充足准备，就可以进入动画制作的环节。合成动画主要是以前期设计好的分镜头脚本、声音、视觉素材等元素为基础，通过合成软件 After Effects、剪辑软件 Premiere（或根据实际情况选择软件）把这些元素设计成一个 MG 动画。

素材是制作 MG 动画的基础，素材的来源主要是前期以分镜头脚本为蓝本所进行的素材绘制，包括不同的 ICON、人物、场景等。把这些绘制好的矢量素材导入 After Effects，即可进行动画的制作。这里需要注意的是，在制作 MG 动画的过程当中，动画是分图层的形式，所以在绘制并导入素材的时候应分层。例如，在 Illustrator 中绘制一个矢量人物，需要分层绘制头部、四肢、身体等部位，最后再是以分层的形式导入 After Effects 中，以便分层制作动画，如图 2-9 所示。

图 2-9

2.2　创 建 项 目

　　MG 动画的制作从创建项目合成开始。当启动 After Effects 软件后，只显示一个空界面，其中没有可被操作的内容，许多功能尚未激活，当用户新建一个项目后，所有的功能便可以在这个项目中使用了。本节将详细介绍创建项目的相关操作方法。

2.2.1　设置项目参数

　　在新建项目前，需要对项目的工作环境进行预设值，以便工作能更顺畅地进行下去。在菜单栏中选择【文件】→【项目设置】菜单项，如图 2-10 所示，即可打开【项目设置】对话框。

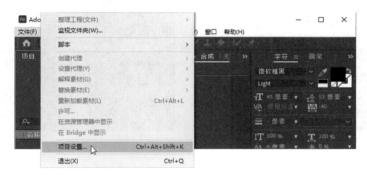

图 2-10

1. 视频渲染和效果

　　在【视频渲染和效果】选项卡中，可选择是否使用 Mercury GPU 加速渲染，如图 2-11 所示。选择"Mercury GPU 加速（CUDA）"选项可以提升渲染的效果（如更好地展现细微的颜色差异），但是对计算机的显卡性能有一定的要求，制作 MG 动画时一般不要求设置。

图 2-11

2. 时间显示样式

　　After Effects 的时间点或时间跨度是通过数值表示的，包括图层、素材项目和合成的当前时间，以及图层的入点、出点和持续时间。具体来说，数值化的时间显示方式分为时间码和帧数两种，可以在【时间显示样式】选项卡中进行设置，如图 2-12 所示。

3. 颜色

【颜色】选项卡主要用于对色深进行设置，如每通道 8 位、16 位或 32 位。一般情况下，制作动画时使用每通道 8 位的色深即可，如图 2-13 所示。

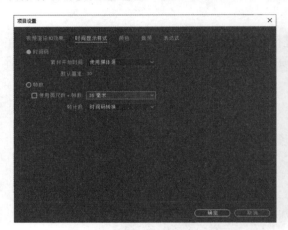
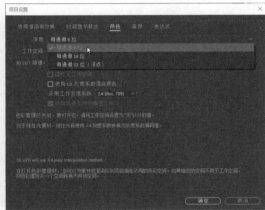

图 2-12   图 2-13

4. 音频

在【音频】选项卡中可以设置音频的采样率，如图 2-14 所示。采样率数值设置得越高，音频的质量就越高。

图 2-14

2.2.2 创建合成

每一个合成都有自己的时间轴，用户既可以通过图片、音频和视频等素材建立合成，也可以先建立一个空合成，再向其中添加素材。在菜单栏中选择【合成】→【新建合成】菜单项，如图 2-15 所示，即可打开【合成设置】对话框。

图 2-15

创建合成时，主要对项目的尺寸、帧速率、分辨率、开始时间码、持续时间和背景颜色等参数进行设置，如图 2-16 所示。当一个合成新建成功后，将被自动命名为"合成 1"，如果对合成的名称不满意，也可以对其进行更改。

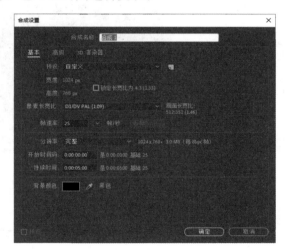

图 2-16

📝 知识拓展

在 After Effects 中，一次只能打开一个项目文件。如果用户在打开一个项目时创建或打开其他项目，那么 After Effects 会提示用户保存项目中的更改，并在确认打开其他文件后将其关闭。不论用户是否要打开其他项目文件，都应该养成随时保存项目的习惯。

2.3 管理动画素材

素材是构成一部作品的最基本元素，制作 MG 动画所需的素材通过【项目】面板进行管理，可被导入的素材包括音频、视频、图片、Premiere 文件以及 Photoshop 文件等。After Effects 支持导入大多数格式的媒体文件，涵盖了用户日常中用到的几乎所有媒体格式。本节将详细介绍管理动画素材的相关知识及操作方法。

2.3.1 导入一张图像

在制作 MG 动画之前，首先需要导入制作动画的相关素材。导入图像可以通过下面介绍的 3 种方式进行。

1. 按常规方式导入

在菜单栏中选择【文件】→【导入】→【文件】菜单项，如图 2-17 所示，即可打开【导入文件】对话框。

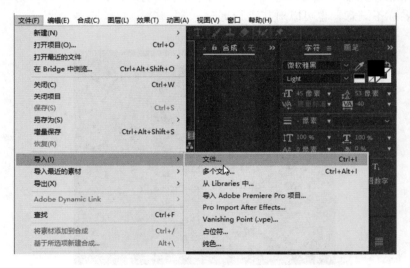

图 2-17

2. 双击导入

这是一种非常快捷的导入方式。在【项目】面板的空白位置处双击，如图 2-18 所示将打开【导入文件】对话框。在素材文件所在的路径中选择图像素材，单击【导入】按钮，即可完成图像的导入，如图 2-19 所示。

✏️ 知识拓展：同时导入多个文件

按住 Ctrl 键、Shift 键或以框选的方法选中所需的多个素材后，单击【导入】按钮即可同时导入多个文件。

图 2-18

图 2-19

3. 拖曳导入

从计算机的资源管理器中将目标素材拖曳到【项目】面板的空白区域，即可直接导入素材，而不必打开【导入文件】对话框，如图 2-20 所示。

图 2-20

经过以上步骤导入的图像文件出现在【项目】面板中，如图 2-21 所示。当然，除图像文件外，视频文件也可以这些方式导入。

图 2-21

📝 知识拓展

一些文件扩展名（如 mov、avi、mxf、flv 和 f4v）表示容器文件格式，而不表示特定的音频、视频或图像数据格式。容器文件可以包含使用各种压缩和编码方案编码的数据。After Effects 可以导入这些容器文件，但是导入其所包含的实际数据的数量则取决于是否安装了相应的编 / 解码器。

2.3.2 导入序列图像

序列图像文件是指一组有序排列的图片文件，如逐帧存储的短视频。在导入序列图像时，按照常规方式打开【导入文件】对话框，在素材文件所在的路径中选中多个序列图像，然后勾选【序列选项】组中的【Targa 序列】复选框，单击【导入】按钮，如图 2-22 所示。

系统会弹出【解释素材】对话框，单击【确定】按钮即可完成图片的导入，如图 2-23 所示。

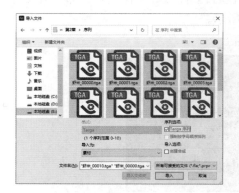

图 2-22

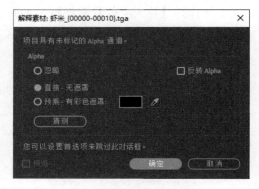

图 2-23

经过以上步骤导入的序列图像出现在【项目】面板中，序列文件中的图片已经按照编号自动排列为时长为 11 帧的素材，如图 2-24 所示。

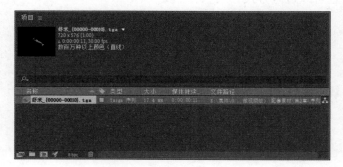

图 2-24

2.3.3　导入分层素材

After Effects 可以非常方便地调用 Photoshop 和 Illustrator 中的层文件，例如 PSD 格式文件为 Photoshop 的自用格式，含有层次关系，可直接导入 After Effects 中并进行分层编辑，使用 PSD 文件进行编辑有非常重要的优势：高兼容，支持分层和透明。

1. 导入合并图层

导入合并图层可以将所有图层合并，作为一个素材导入。下面详细介绍导入合并图层的操作方法。

操作步骤　Step by Step

第1步　在【项目】面板的空白位置处双击，准备进行素材的导入操作，如图 2-25 所示。

第2步　在弹出的【导入文件】对话框中，选择"花坊.psd"素材文件，在【导入为】下拉列表框中选择"素材"选项，单击【导入】按钮，如图 2-26 所示。

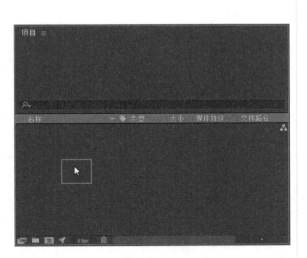

图 2-25

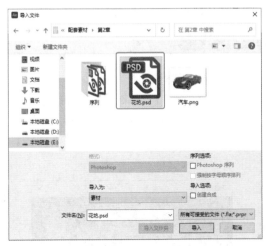

图 2-26

第3步　弹出【花坊.psd】对话框，设置【导入种类】为【素材】，在【图层选项】组中，选中【合并的图层】单选按钮，单击【确定】按钮，如图 2-27 所示。

第4步　在【项目】面板中，可以看到导入的素材已经合并为一个图层，这样就完成了导入合并图层的操作，如图 2-28 所示。

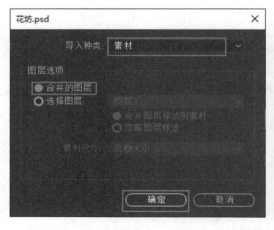

图 2-27

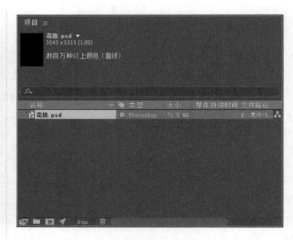

图 2-28

2. 导入所有图层

导入所有图层是将分层 PSD 文件作为合成导入 After Effects 中，合成中的层遮挡顺序与 PSD 在 Photoshop 中相同。下面详细介绍导入所有图层的操作方法。

操作步骤

第1步 导入素材文件"花坊.psd"，在【花坊.psd】对话框中，设置【导入种类】为【合成】，在【图层选项】组中，选中【可编辑的图层样式】单选按钮，单击【确定】按钮，如图 2-29 所示。

第2步 在【项目】面板中可以看到素材是分层导入的，每个元素都是单独的一个图层，如图 2-30 所示。

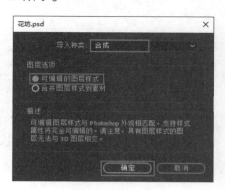

图 2-29

图 2-30

第3步 在【项目】面板的顶部选择"花坊"文件，也可以对所有图层进行整体控制，如图 2-31 所示。

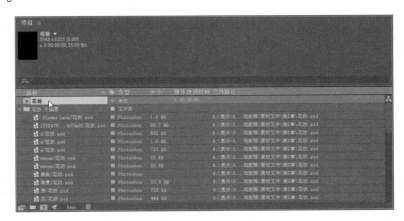

图 2-31

3. 导入指定图层

将指定图层添加到项目后，会完全保持 Photoshop 的层信息。下面详细介绍导入指定图层的操作方法。

操作步骤　　　　　　　　　　　　　　　　　　　　　　　　　Step by Step

第1步 在【花坊 .psd】对话框中，设置【导入种类】为【素材】，在【图层选项】组中选中【选择图层】单选按钮，在【选择图层】下拉列表框中选择"鲜花店"选项，单击【确定】按钮，如图 2-32 所示。

第2步 在【项目】面板中可以看到导入的指定图层，这样就完成了导入指定图层的操作，如图 2-33 所示。

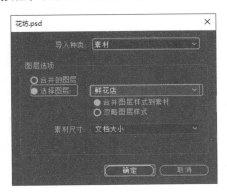

图 2-32

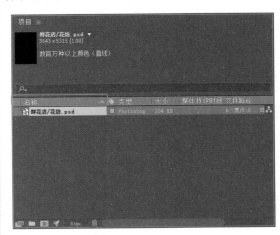

图 2-33

知识拓展：替换素材

随着工作的推进，用户会用到非常多的素材，这时会不可避免地需要替换一些素材。如果重新导入素材制作动画，工作量会比较大；而如果只是替换单个素材，就能节省大量的时间。选中需要替换的素材文件并右击，在弹出的快捷菜单中选择【替换素材】→【文件】菜单项，即可在打开的【替换素材文件】对话框中重新选择素材。

2.4　运用关键帧制作动画

动画是一门综合艺术，它融合了绘画、漫画、电影、数字媒体、摄影、音乐、文学等艺术学科，给观众带来更多的视觉体验。在 After Effects 中，可以为图层添加关键帧动画，使其产生基本的位置、缩放、旋转、不透明度等动画效果，还可以为素材已经添加的效果参数设置关键帧动画，产生效果的变化。

2.4.1　添加素材

在【时间轴】面板中，将时间指示器拖曳至合适的位置处，然后单击【属性】前的【时间变化秒表】按钮，此时在【时间轴】面板中的相应位置处就会自动出现一个关键帧。在制作关键帧动画之前，首先需要添加相关素材。

<< 扫码获取配套视频课程，本节视频课程播放时长约为 51 秒。

配套素材路径：配套素材\第2章
素材文件名称：背景.jpg、树叶.png

操作步骤

Step by Step

第 1 步　启动 After Effects 2022 软件，进入其操作界面。选择【合成】→【新建合成】菜单项，如图 2-34 所示。

第 2 步　弹出【合成设置】对话框，**1.** 设置合成名称为"树叶飘落"，**2.** 将【宽度】和【高度】分别设置为 1024px 和 768px，**3.** 【持续时间】设置为 5 秒，**4.** 单击【确定】按钮，如图 2-35 所示。

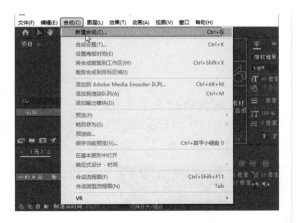

图 2-34

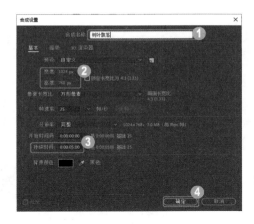

图 2-35

第 3 步 在【项目】面板的空白处双击，*1.* 在弹出的【导入文件】对话框中选择本例的"背景 .jpg""树叶 .png"素材文件，*2.* 单击【导入】按钮，如图 2-36 所示。

第 4 步 此时在【项目】面板中即可看到导入的素材，分别将"背景 .jpg""树叶 .png"素材拖曳到【时间轴】面板中，如图 2-37 所示。

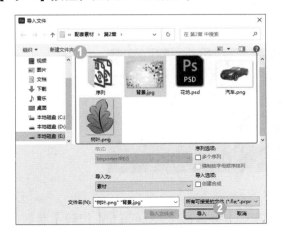

图 2-36

图 2-37

2.4.2 制作树叶飘落运动动画

本例将详细介绍制作树叶飘落动画的方法，通过该实例的制作，可学会如何综合应用位置、旋转、缩放，掌握制作关键帧动画的方法。

<< 扫码获取配套视频课程，本节视频课程播放时长约为 42 秒。

配套素材路径：配套素材\第2章
素材文件名称：背景.jpg、树叶.png

操作步骤   Step by Step

第1步 将时间指示器拖曳到起始帧的位置，单击【时间变化秒表】按钮🕐，开启【树叶
.png】图层下方的【位置】、【缩放】和【旋转】关键帧；将时间指示器拖曳到第 1 秒处,设置【位
置】参数为（388,188）、【缩放】参数为 17%、【旋转】参数为 0x-123°，如图 2-38 所示。

图 2-38

第2步 将时间指示器拖曳到第 2 秒处,设置【位置】参数为（469,323）、【缩放】参数为 22%、
【旋转】参数为 -218°，如图 2-39 所示。

图 2-39

第3步 将时间指示器拖曳到第 3 秒处，设置【位置】参数为（336,436）、【旋转】参数为
0x-241°，如图 2-40 所示。

图 2-40

2.4.3 预览动画

完成视频的制作后，用户可预览视频的播放效果，确认是否需要对之前的工作进行修改。下面详细介绍预览动画的操作方法。

<< 扫码获取配套视频课程，本节视频课程播放时长约为 41 秒。

 配套素材路径：配套素材\第2章
素材文件名称：背景.jpg、树叶.png

操作步骤 Step by Step

第1步 首先调整工作区域，使工作区域的起止时间和想要预览的时间段相符；然后在【预览】面板中单击【播放】按钮▶或按空格键，即可对动画进行预览，如图 2-41 所示。

图 2-41

第2步 在预览动画的同时，时间指示器会向右侧滑动，随着时间的增加而移动，因此在时间轴上显示为绿色的时间段内，用户还可以通过拖曳时间指示器更加灵活地对动画进行预览，如图 2-42 所示。

图 2-42

第3步 本例最终制作的树叶飘落动画效果如图 2-43 所示。

图 2-43

2.5 制作图层动画

在 After Effects 中，无论是创作合成动画，还是进行特效处理，都离不开图层，因此制作 MG 动画的第一步就是了解和掌握图层。此外，图层与图层之间还存在复杂的合成组合关系，如叠加模式、蒙版合成方式等，本节也将对其进行介绍。

2.5.1 图层种类和属性

在 After Effects 中有很多种图层类型，不同的类型适用于不同的操作环境，如有些图层用于绘图，有些图层用于影响其他图层的效果，有些图层用于带动其他图层运动等。展开一个图层，在没有添加遮罩或任何特效的情况下，只有一个变换属性组，其中包含了图层最重要的 5 个属性，在制作动画特效时它们占据着非常重要的地位。

1. 图层的种类

能够用在 After Effects 中的合成元素非常多，这些合成元素体现为各种图层，在这里将其归纳为以下几种。

（1）文本图层

文本图层可以为作品添加文字效果，如字幕、解说等。下面详细介绍创建文本图层的操作方法。

操作步骤 Step by Step

第 1 步 在【时间轴】面板中右击，在弹出的快捷菜单中选择【新建】→【文本】菜单项，如图 2-44 所示。

第 2 步 将光标移至【合成】面板中，此时光标处已切换为输入文本状态，单击确定文本位置即可输入文本内容。在【字符】和【段落】面板中，可以设置字体、颜色、字号、对齐方式等相关属性，这样即可完成一个文本图层的创建，效果如图 2-45 所示。

图 2-44

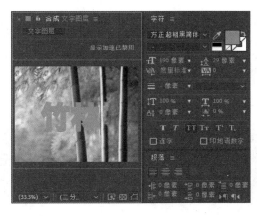

图 2-45

（2）纯色图层

纯色图层是一种单一颜色的基本图层，因为 After Effects 的效果都是基于图层的，所以纯色图层经常会用到，常用于制作纯色背景。下面介绍创建纯色图层的方法。

操作步骤   Step by Step

第1步   在【时间轴】面板中右击，在弹出的快捷菜单中选择【新建】→【纯色】菜单项，如图 2-46 所示。

第2步   弹出【纯色设置】对话框，**1.** 在【名称】文本框中输入名称，**2.** 设置大小，**3.** 设置颜色，**4.** 单击【确定】按钮，如图 2-47 所示。

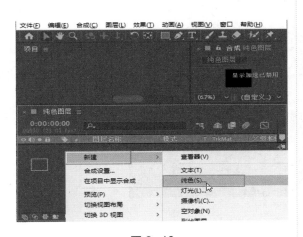

图 2-46

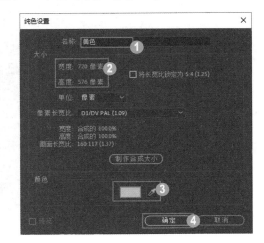

图 2-47

第3步 在【时间轴】面板中可以观察到新建的【黄色】纯色图层，如图 2-48 所示。

第4步 在创建第一个纯色图层后，在【项目】面板中会自动出现一个【纯色】文件夹，双击该文件夹即可看到创建的纯色图层，且纯色图层也会在【时间轴】面板中显示，如图 2-49 所示。

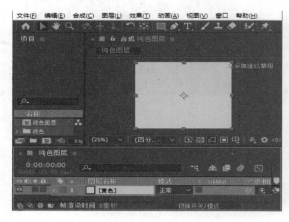

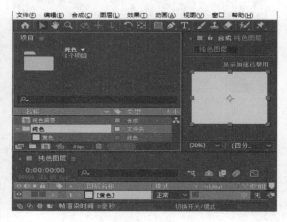

图 2-48

图 2-49

第5步 创建了多个纯色图层时的【项目】面板和【时间轴】面板如图 2-50 所示。

图 2-50

（3）灯光图层

灯光图层主要用于模拟真实的灯光、阴影，使作品层次感更加强烈。下面详细介绍创建灯光图层的操作方法。

第1步 在【时间轴】面板中的图层上，单击【3D图层】按钮，开启【背景－圣诞版】图层的三维模式，如图 2-51 所示。

图 2-51

第3步 在弹出的【灯光设置】对话框中设置合适的参数，然后单击【确定】按钮，如图 2-53 所示。

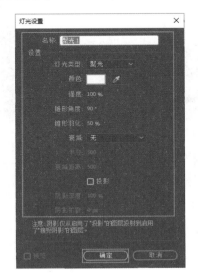

图 2-53

第2步 在菜单栏中选择【图层】→【新建】→【灯光】菜单项，如图 2-52 所示。

图 2-52

第4步 在【时间轴】面板中可以看到新建的【聚光 1】图层，这样即可完成创建灯光图层的操作，如图 2-54 所示。

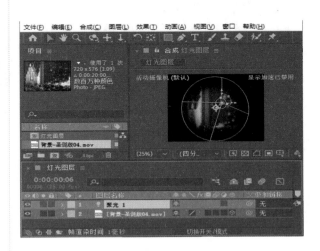

图 2-54

✎ 知识拓展

在创建【灯光】图层时，必须先将素材图像转换为 3D 图层。若在【时间轴】面板中没有找到【3D 图层】按钮▣，则需要单击【时间轴】面板左下方的【展开和折叠"图层开关"窗格】按钮▣。

（4）摄像机图层

摄像机图层在三维合成中主要用于控制合成时的最终视角。通过为摄像机设置动画，可以模拟三维镜头运动。下面详细介绍创建摄像机图层的操作方法。

操作步骤　　　　　　　　　　　　　　　　　　　　　　Step by Step

第1步　在【摄像机】面板中，单击【3D 图层】按钮▣，开启【花卉】图层的三维模式，如图 2-55 所示。

第2步　在菜单栏中选择【图层】→【新建】→【摄像机】菜单项，如图 2-56 所示。

图 2-55　　　　　　　　　　　　　　　图 2-56

第3步　在弹出的【摄像机设置】对话框中设置合适的参数，单击【确定】按钮，如图 2-57 所示。

第4步　在【时间轴】面板中可以看到新建的【摄像机 1】图层，这样即可完成创建摄像机图层的操作，如图 2-58 所示。

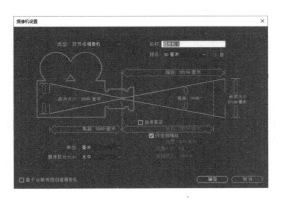

图 2-57

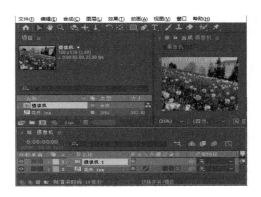

图 2-58

✍ **知识拓展**

在创建摄像机图层时，同样必须先将素材图像转换为 3D 图层。

（5）空对象图层

空对象图层关联到其他图层时，修改空对象图层将影响与其关联的图层，常用于创建摄像机的父级，以控制摄像机的移动和位置。下面详细介绍创建空对象图层的方法。

操作步骤 Step by Step

第 1 步 在菜单栏中选择【图层】→【新建】→【空对象】菜单项，如图 2-59 所示。

第 2 步 在【时间轴】面板中可以看到已经新建了一个【空 1】图层，这样即可完成创建空对象图层的操作，如图 2-60 所示。

图 2-59

图 2-60

知识拓展

　　"空对象"是不可见的图层，在【合成】面板中虽然可以看见一个红色的正方形，但它实际是不存在的，在最后输出时也不会显示。

　　（6）形状图层

　　形状图层是制作遮罩动画的重要图层，使用形状图层可以自由绘制图形并设置图形形状和图形颜色等。下面详细介绍创建形状图层的操作方法。

操作步骤 　　　　　　　　　　　　　　　　　　　　　　　　　　　　　Step by Step

第1步　在菜单栏中选择【图层】→【新建】→【形状图层】菜单项，如图 2-61 所示。

第2步　此时即可创建出一个形状图层，同时在【合成】面板中的光标形状也会改变，在工具栏中选择准备创建的图形，然后在【合成】面板中拖曳绘制一个形状，如图 2-62 所示。

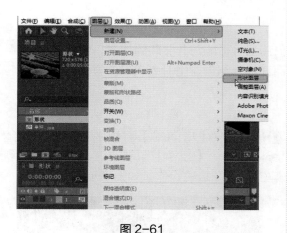

图 2-61

图 2-62

第3步　通过以上步骤即可完成创建形状图层的操作，如图 2-63 所示。

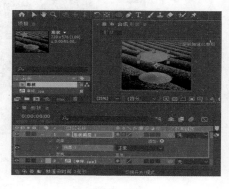

图 2-63

（7）调整图层

为调整图层添加效果后，调整图层下方的所有图层可以共同享有添加的效果，因此通常使用调整图层来调整作品的整体色彩。下面详细介绍创建调整图层的操作方法。

操作步骤 Step by Step

第1步 在菜单栏中选择【图层】→【新建】→【调整图层】菜单项，如图 2-64 所示。

第2步 此时在【时间轴】面板中可以看到新建的【调整图层 1】，这样即可完成创建调整图层的操作，如图 2-65 所示。

图 2-64

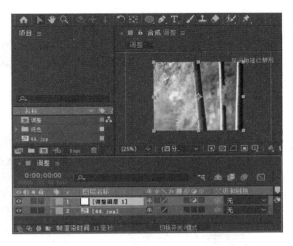

图 2-65

（8）合成图层

合成本身也可以作为一个图层添加到另外的合成中，作为图层的合成类似于一个视频素材，会按照原本的持续时间和播放速度添加到其他合成中。用常规方式创建一个合成图层，图层名称左侧的 图标代表该图层是一个合成，如图 2-66 所示。

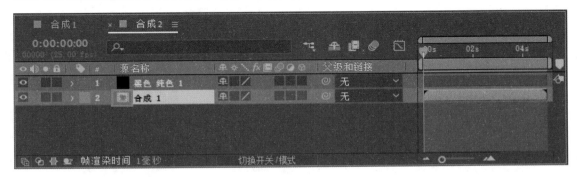

图 2-66

2. 图层的属性

每一个图层都有关键帧属性，用户只有通过编辑关键帧属性参数，才能明显改变图层的显示样式，制作出丰富的动态效果。

（1）锚点属性

无论一个图层的面积有多大，当其位置发生移动、旋转和缩放时，都是依据一个点来操作的，这个点就是锚点。选择需要的图层，按 A 键即可打开【锚点】属性，如图 2-67 所示。

图 2-67

以锚点为基准（见图 2-68），旋转操作如图 2-69 所示，缩放操作如图 2-70 所示。

图 2-68   图 2-69   图 2-70

（2）位置属性

位置属性主要用来制作图层的位移动画，下面详细介绍位置属性的操作方法。

第 1 步 选择需要的图层，按 P 键即可打开【位置】属性，如图 2-71 所示。以锚点为基准，如图 2-72 所示。

图 2-71   图 2-72

第2步 在图层的【位置】属性后方的数值上拖曳鼠标（或直接输入需要的数值，如图 2-73 所示），释放鼠标后，效果如图 2-74 所示。普通二维图层的【位置】属性由 x 轴向和 y 轴向两个参数组成，如果是三维图层，则由 x 轴向、y 轴向和 z 轴向 3 个参数组成。

图 2-73 　　　　　　　　　　　　　　　图 2-74

知识拓展

在制作位置动画时，为了保持移动时的方向，可以在菜单栏中选择【图层】→【变换】→【自动定向】命令，弹出【自动定向】对话框，在其中选中【沿路径方向】单选按钮，再单击【确定】按钮即可。

（3）缩放属性

缩放属性可以以锚点为基准来改变图层的大小，下面详细介绍缩放属性的操作方法。

第1步 选择需要的图层，按 S 键即可打开【缩放】属性，如图 2-75 所示。以锚点为基准，如图 2-76 所示。

图 2-75 　　　　　　　　　　　　　　　图 2-76

第2步 在图层的【缩放】属性后面的数值上拖曳鼠标（或直接输入需要的数值，如图 2-77 所示），释放鼠标后，效果如图 2-78 所示。普通二维图层的【缩放】属性由 x 轴向和 y 轴向两个参数组成，如果是三维图层，则由 x 轴向、y 轴向和 z 轴向 3 个参数组成。

图 2-77   图 2-78

（4）旋转属性

旋转属性是以锚点为基准旋转图层，下面详细介绍旋转属性的操作方法。

第 1 步 选择需要的图层，按 R 键即可打开【旋转】属性，如图 2-79 所示。以锚点为基准，如图 2-80 所示。

图 2-79   图 2-80

第 2 步 在图层的【旋转】属性后方的数值上拖曳鼠标（或直接输入需要的数值，如图 2-81 所示），释放鼠标后，效果如图 2-82 所示。普通二维图层旋转属性由圈数和度数两个参数组成，如"1x+30°"。

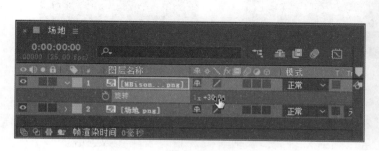

图 2-81   图 2-82

第3步 如果是三维图层，旋转属性将增加为 3 个，方向可以同时设定为 x、y、z 三个轴向：
【x 轴旋转】仅调整 x 轴向旋转，【y 轴旋转】仅调整 y 轴向旋转，【z 轴旋转】仅调整 z 轴
向旋转。

（5）不透明度属性

不透明度属性是以百分比的方式来调整图层的不透明度。下面详细介绍不透明度属性的
操作方法。

第1步 选择需要的图层，按 T 键即可打开【不透明度】属性，如图 2-83 所示。以锚点为基
准，如图 2-84 所示。

图 2-83   图 2-84

第2步 在图层的【不透明度】属性后方的数值上拖曳鼠标（或直接输入需要的数值，如
图 2-85 所示），释放鼠标后，效果如图 2-86 所示。

图 2-85   图 2-86

📝 知识拓展

在一般情况下，每按一次图层属性的快捷键只能显示一种属性。如果要一次显示两种
或两种以上的图层属性，可以在显示一个图层属性的前提下先按住 Shift 键，然后再按其
他图层属性的快捷键，这样就可以显示出图层的多个属性。

2.5.2 调整图层顺序

图层的顺序决定了各个图层之间的遮挡关系。在【时间轴】面板中选择图层，上下拖

曳到适当的位置，可以改变图层顺序。拖曳图层时，可注意观察蓝色水平线的位置，如图 2-87 所示。

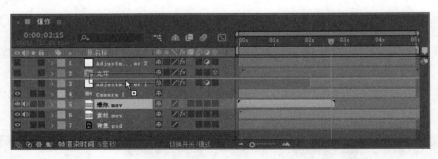

图 2-87

在【时间轴】面板中选择图层，通过菜单和快捷键也可以调整图层顺序，移动上下层位置的方法如下。

- 选择【图层】→【排列】→【将图层置于顶层】命令或按 Ctrl+Shift+] 快捷键，可以将图层移到最上方。
- 选择【图层】→【排列】→【使图层前移一层】命令或按 Ctrl+] 快捷键，可以将图层往上移一层。
- 选择【图层】→【排列】→【使图层后移一层】命令或按 Ctrl+[快捷键，可以将图层往下移一层。
- 选择【图层】→【排列】→【将图层置于底层】命令或按 Ctrl+Shift+ [快捷键，可以将图层移到最下方。

2.5.3 对齐和分布图层

如果需要对图层在【合成】面板中的空间关系进行快速对齐，除了使用选择工具手动拖曳外，还可以使用【对齐】面板对选择的图层进行自动对齐和分布。最少选择两个图层才能进行对齐操作，最少选择三个图层才可以进行分布操作。

在菜单栏中选择【窗口】→【对齐】命令，即可打开【对齐】面板，如图 2-88 所示。

图 2-88

- 【将图层对齐到】组：对图层进行对齐操作，从左至右依次为左对齐、垂直居中对齐、右对齐、顶对齐、水平居中对齐、底对齐。
- 【分布图层】组：对图层进行分布操作，从左至右依次为垂直居顶分布、垂直居中分布、垂直居底分布、水平居左分布、水平居中分布、水平居右分布。

在进行对齐或分布操作之前，要调整好各图层之间的位置关系。在进行对齐或分布操作时是基于图层的位置进行对齐，而不是基于图层在时间轴上的先后顺序。

2.5.4　父子关系和混合模式

为图层建立父子关系是制作 MG 动画时比较实用的操作，该操作可以大幅度减少工作量，并使动画参数的调整变得更加方便。After Effects 2022 提供了丰富的图层混合模式，用来定义当前图层与底图的作用模式。下面将详细介绍父子关系以及混合模式的相关知识。

1. 父子关系

在 After Effects 中控制父图层，可以使子图层做出相同的变化。例如，当父图层顺时针旋转 180°时，子图层也会以父图层的锚点为基准顺时针旋转 180°。一个父图层可以有多个子图层，但是一个子图层只有一个父图层，父图层也能有自己的父图层。

建立父子图层一般有两种方法：一种是在下拉列表中选择作为父级的图层，如图 2-89 所示。

图 2-89

另一种是按住螺旋按钮，然后将其拖曳至目标图层（父图层），如图 2-90 所示。

图 2-90

📝 知识拓展

在使用上述任何一种方法添加父图层时，按住 Shift 键，可以让子图层移动到与父图层相同的位置。

2. 应用父子图层

父子图层的应用主要是在不改变子图层参数的情况下，通过改变父图层的参数而影响子图层。下面详细介绍应用父子图层的操作方法。

第1步 使用常规方式创建一个空对象，这时可以看到两个图层的中心点均在合成的中心，如图 2-91 所示。

图 2-91

第2步 将空对象设置为【篮球】图层的父图层，然后将时间指示器移动到第 0 秒处，按 R 键调出空对象的【旋转】属性，并单击左侧的【时间变化秒表】按钮 ，开启【旋转】属性的自动关键帧，如图 2-92 所示。

图 2-92

第3步 将时间指示器移动到第 4 秒处，设置【旋转】属性参数为 0x+180°，完成关键帧的设置，如图 2-93 所示。

图 2-93

第4步 此时可以看到虽然并未直接设置篮球的【旋转】关键帧，但是由于其父图层（空对象）在旋转，篮球也随之发生了旋转，如图 2-94 所示。

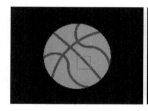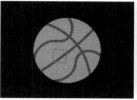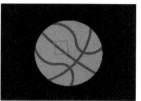

图 2-94

3. 混合模式

所谓图层混合，就是将一个图层与其下面的图层进行叠加，以产生特殊的效果，并将该效果显示在视频的【合成】面板中。

下面将通过两个素材文件来详细讲解 After Effects 2022 的混合模式，其中一个素材作为底图图层，如图 2-95 所示。另一个素材作为叠加图层的源，如图 2-96 所示。

图 2-95

图 2-96

在 After Effects 2022 中，显示或隐藏混合模式选项的方法有以下两种。

第 1 种：在【时间轴】面板中，单击【切换开关 / 模式】按钮，可以显示或隐藏混合模式选项，如图 2-97 所示。

图 2-97

第 2 种：在【时间轴】面板中，按 F4 键即可调出图层的叠加模式，如图 2-98 所示。

图 2-98

混合模式能够使图层之间产生混合效果。除"正常"模式之外，混合模式还有数十种，下面详细介绍几种常用的图层混合模式。

（1）"溶解"模式

在图层有羽化边缘或不透明度小于 100% 时，"溶解"模式才起作用。"溶解"模式是在上层选取部分像素，然后用随机颗粒图案的方式用下层像素进行取代，上层的不透明度越低，溶解效果越明显，如图 2-99 所示。

（2）"相乘"模式

"相乘"模式是一种减色模式，它将基色与叠加色相乘，形成一种光线透过两张叠加在一起的幻灯片效果。任何颜色与黑色相乘都将产生黑色，与白色相乘都将保持不变；而与中间的亮度颜色相乘，可以得到一种更暗的效果，如图 2-100 所示。

（3）"相加"模式

"相加"模式是将上下图层对应的像素进行加法运算，可以使画面变亮，如图 2-101 所示。

图 2-99   图 2-100   图 2-101

（4）"屏幕"模式

"屏幕"模式是一种加色混合模式，与"相乘"模式相反，是将叠加色的互补色与基色相乘，以得到一种更亮的效果，如图 2-102 所示。

（5）"叠加"模式

"叠加"模式可以增强图像的颜色，并保留底层图像的高光和暗调，如图 2-103 所示。"叠加"模式对中间色调的影响比较明显，对高亮度区域和暗调区域的影响不大。

（6）"差值"模式

"差值"模式是从基色中减去叠加色或从叠加色中减去基色，具体情况取决于哪个颜色的亮度值更高，如图 2-104 所示。

图 2-102　　　　　　　　图 2-103　　　　　　　　图 2-104

（7）"颜色"模式

"颜色"模式是将当前图层的色相与饱和度应用到底层图像中，但保持底层图像的亮度不变，如图 2-105 所示。

（8）"轮廓 Alpha"模式

"轮廓 Alpha"模式是通过源图层的 Alpha 通道来影响底层图像，使受到影响的区域被剪切掉，如图 2-106 所示。

图 2-105　　　　　　　　　　　　图 2-106

（9）"Alpha 添加"模式

"Alpha 添加"模式是用底层与源图层的 Alpha 通道共同建立一个无痕迹的透明区域，如图 2-107 所示。

（10）"冷光预乘"模式

"冷光预乘"模式是用源图层的透明区域像素与底层产生相互作用，使边缘产生透镜和光亮效果，如图 2-108 所示。

图 2-107　　　　　　　　　　　　图 2-108

📝 **知识拓展**

　　图层混合模式可以控制图层与图层之间的融合，且不同的混合方式可以使画面产生不同的效果。在【时间轴】面板中单击图层对应的【模式】选项，可在弹出的下拉列表中选择合适的混合模式。在【时间轴】面板中选中需要设置的图层，在菜单栏中选择【图层】→【混合模式】命令，然后再选择对应的模式，也可应用合适的混合模式。

2.5.5　快速制作一个图层动画

　　现代社会，越来越多的家庭热衷于在家中放置几幅书法作品，这既能美化家居环境，又能烘托家庭的文化氛围。而悬挂的书法想要更加精美，就离不开字画装裱的修饰。本例将制作书法作品裱框动画，从而让读者掌握快速图层动画效果的制作方法，下面详细介绍其操作步骤。

<< 扫码获取配套视频课程，本节视频课程播放时长约为 1 分 25 秒。

📁 **配套素材路径：** 配套素材\第2章
　　素材文件名称： 01.jpg、02.jpg

操作步骤　　　　　　　　　　　　　　　　　　　　　　　　　　　　Step by Step

第1步　新建一个项目后，在菜单栏中选择【合成】→【新建合成】菜单项，然后在弹出的【合成设置】对话框中，**1.** 设置合成名称为"书法作品裱框"，**2.** 设置【宽度】为1024px、【高度】为768px，**3.** 设置【帧速率】为25帧/秒，**4.** 设置【持续时间】为5秒，**5.** 单击【确定】按钮，如图2-109所示。

第2步　在菜单栏中选择【文件】→【导入】→【文件】菜单项，将素材文件"01.jpg"和"02.jpg"导入【项目】面板中，如图2-110所示。

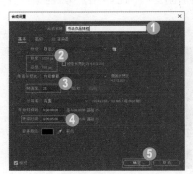

图 2-109

图 2-110

第3步 将图像素材拖曳到【时间轴】面板中，使之成为图层，然后将 [01.jpg] 图层放置在最底层，如图 2-111 所示。

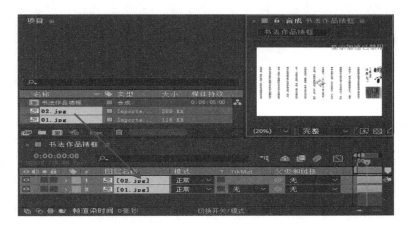

图 2-111

第4步 在【时间轴】面板中，设置 [02.jpg] 图层的【模式】为 "相乘"，如图 2-112 所示。

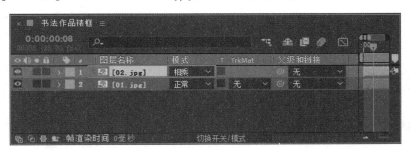

图 2-112

第5步 分别打开 [01.jpg] 和 [02.jpg] 图层的【缩放】属性，并设置参数，如图 2-113 所示。

图 2-113

第6步 分别打开 [01.jpg] 和 [02.jpg] 图层的【位置】属性，并设置参数，单击 [02.jpg] 图层【位置】属性的【时间变化秒表】按钮，开启【位置】属性的自动关键帧，如

图 2-114 所示。

图 2-114

第7步 将时间指示器拖曳到第 4 秒的位置，设置 [02.jpg] 图层的【位置】属性参数，如图 2-115 所示。

图 2-115

第8步 拖曳时间指示器即可查看本例制作的动画效果，如图 2-116 所示。

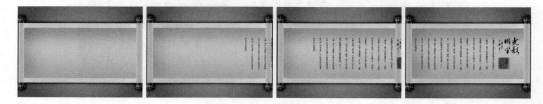

图 2-116

📝 知识拓展

在日常工作中，没有必要记住每一种混合模式的效果和原理，只需要记住几种常用的混合模式效果即可。在实际的制作过程中，用户也可以在选中图层后按 Shift++ 快捷键或 Shift+- 快捷键尝试不同的混合方式，以便选择合适的效果。

2.6 渲染输出动画文件

在 After Effects 中完成一系列的制作后，还需要通过渲染将制作的动画导出为播放器支持的视频格式，如 AVI 和 MOV 视频格式等。本节将详细介绍渲染输出动画文件的相关知识及操作方法。

2.6.1 输出 MOV 格式视频

　　MOV 格式是苹果公司开发的一种视频文件格式，即 QuickTime 影片格式。无论是在本地播放还是作为视频流格式在网上传播，它都是一种优良的视频编码格式。下面详细介绍输出 MOV 格式视频的操作方法。

<<扫码获取配套视频课程，本节视频课程播放时长约为 51 秒。

配套素材路径：配套素材\第2章
素材文件名称：行星爆炸特效镜头.aep

操作步骤　　　　　　　　　　　　　　　　Step by Step

第1步 打开素材文件"行星爆炸特效镜头.aep"，在菜单栏中选择【合成】→【添加到渲染队列】菜单项，如图 2-117 所示。

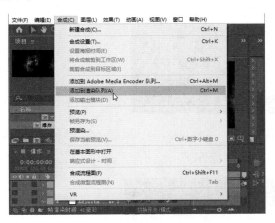

图 2-117

第3步 弹出【输出模块设置】对话框，**1.** 设置【格式】为 QuickTime，**2.** 单击【确定】按钮，如图 2-119 所示。

第2步 打开【渲染队列】面板，这时合成已经自动添加到列表中了，单击【输出模块】后面的蓝色高亮文字，如图 2-118 所示。

图 2-118

第4步 返回到【渲染队列】面板，单击【输出到】后面的蓝色高亮文字，设置输出视频的存储位置后保存即可，如图 2-120 所示。

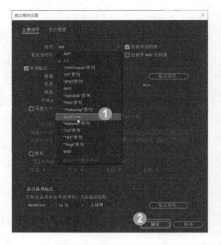

图 2-119

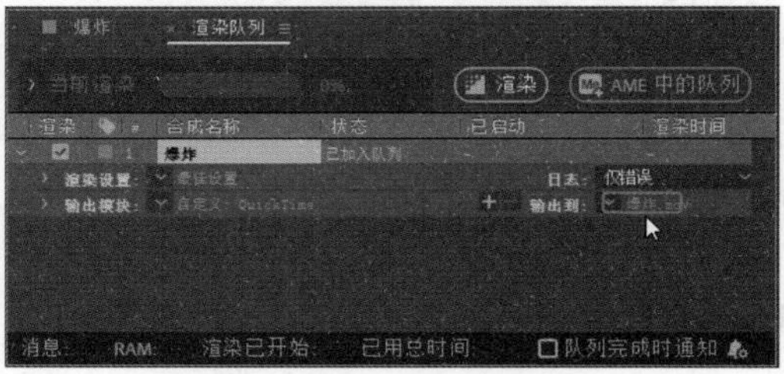

图 2-120

第 5 步 在【渲染队列】面板中单击【渲染】按钮，如图 2-121 所示。

图 2-121

第 6 步 用户需要在线等待渲染进程结束，如图 2-122 所示。

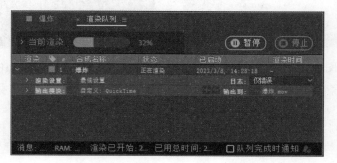

图 2-122

第 7 步 完成渲染后，在对应的存储路径中可以看到导出的 MOV 格式的视频，如图 2-123 所示。

图 2-123

2.6.2 【渲染队列】面板

渲染在整个视频制作过程中是最后一步,也是相当关键的一步。即使前面制作得再精妙,不成功的渲染也会直接导致作品的失败,渲染的方式也会影响视频的最终呈现效果。

After Effects 2022 可以将合成项目渲染输出成视频文件、音频文件或者序列图片等。输出的方式有两种:一种是通过选择【文件】→【导出】命令,直接输出单个的合成项目;另一种是选择【合成】→【添加到渲染队列】命令,将一个或多个合成项目添加到【渲染队列】面板中,进行批量输出,如图 2-124 所示。

图 2-124

其中,通过【文件】→【导出】命令输出时,可选的格式和解码较少;而通过【渲染队列】面板进行输出,可以进行非常专业的控制,并支持多种格式和解码方式。

在【渲染队列】面板中可以控制整个渲染进程,调整各个合成项目的渲染顺序,设置每个合成项目的渲染质量、输出格式和路径等。当新添加项目到【渲染队列】面板时,【渲染队列】会自动打开,如果不小心关闭了,也可以通过【窗口】→【渲染队列】命令再次打开。单击【当前渲染】左侧的 按钮,显示的主要信息如图 2-125 所示。

图 2-125

渲染队列如图 2-126 所示。

图 2-126

需要渲染的合成项目将逐一排列在渲染队列中，在此，可以设置项目的【渲染设置】、【输出模块】（输出模式、格式和解码等）和【输出到】（文件名和路径）等选项。下面对渲染队列各部分进行介绍。

- 渲染：是否进行渲染操作，只有选中的合成项目才会被渲染。
- ：选择标签颜色，用于区分不同类型的合成项目，方便用户识别。
- ：队列序号，决定渲染的顺序，可以在合成项目上按住鼠标左键上下拖曳，来改变先后顺序。
- 合成名称：合成项目的名称。
- 状态：当前状态。
- 已启动：渲染开始的时间。
- 渲染时间：渲染所花费的时间。

单击渲染队列中项目左侧的 按钮，可展开具体的设置信息。单击 按钮，可以选择已有的设置预置，如图 2-127 所示。

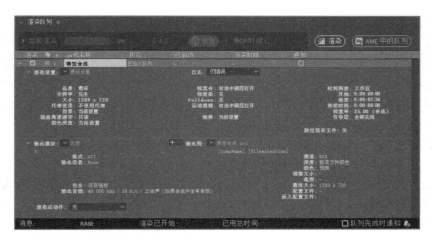

图 2-127

2.6.3 调整输出参数

单击【输出模块】后的高亮文字，即可打开【输出模块设置】对话框，如图 2-128 所示。

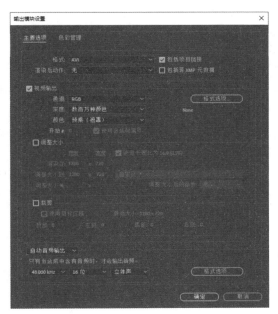

图 2-128

下面对【输出模块设置】对话框中各部分进行介绍。

（1）基础设置区

- 格式：设置输出的文件格式，如 AVI、Quick Time Movie（苹果公司 Quick Time 视

频格式）、MPEG2-DVD（DVD 视频格式）、JPEG 序列（HPEG 格式序列图）、WAV（音频）等，格式类型非常丰富。

- 渲染后动作：指定 After Effects 软件是否使用刚渲染的文件作为素材或者代理素材。【导入】表示渲染完成后，自动作为素材置入当前项目中；【导入并替换】表示渲染完成后，自动置入项目中替代合成项目，包括这个合成项目被嵌入其他合成项目中的情况；【设置代理】表示渲染完成后，作为代理素材置入项目中。

（2）视频设置区

- 视频输出：指定是否输出视频信息。
- 通道：选择输出的通道，包括 RGB（三个色彩通道）、Alpha（仅输出 Alpha 通道）和 RGB+Alpha（三色通道和 Alpha 通道）。
- 深度：指定色深选项。
- 颜色：指定输出的视频包含的 Alpha 通道为哪种模式，是【直通（无遮罩）】模式还是【预乘（遮罩）】模式。
- 开始 #：当输出的格式是序列图时，在这里可以指定序列图的文件名序列数。为了将来识别方便，也可以勾选【使用合成帧编号】复选框，这样输出的序列图片数字就是其帧数字。
- 格式选项：选择视频的编码方式。虽然之前确定了输出的格式，但是每种文件格式中又有多种编码方式，编码方式不同生成的影片质量就不同，最后产生的文件量也会有所不同。
- 调整大小到：指是否对画面进行缩放处理。
- 调整大小：指缩放的具体宽高尺寸，也可以从右侧的下拉列表中进行选择。
- 调整大小后的品质：选择缩放质量。
- 锁定长宽比：选择该复选框，可以锁定输出文件的长宽比例不变。
- 裁剪：指是否裁切画面。
- 使用目标区域：仅采用【合成】面板中的【目标区域】工具确定的画面区域。
- 顶部、左侧、底部、右侧：这 4 个选项分别设置上、左、下、右被裁切掉的像素尺寸。

（3）音频设置区

- 音频输出：指是否输出音频信息。
- 格式选项：设置音频的编码方式，也就是用什么压缩方式压缩音频信息。
- 设置音频质量：包括 kHz、【位】、【立体声】或【单声道】几种设置。

2.7　实战案例与应用

　　读者通过实战案例的学习，可增强动手能力，达到举一反三、触类旁通的学习效果。下面将讲解几个动画效果，从而让读者对 MG 动画的制作流程有一个基本的认识。

2.7.1 热气球上升动画

本例将通过设置【位置】属性关键帧，完成热气球上升的动画效果，下面详细介绍其操作方法。

<< 扫码获取配套视频课程，本节视频课程播放时长约为 1 分 10 秒。

配套素材路径：配套素材\第2章

素材文件名称：热气球.png

操作步骤 Step by Step

第 1 步 启动 After Effects 软件，打开【合成设置】对话框，**1.** 设置【合成名称】为 "气球上升"，**2.** 设置【宽度】和【高度】分别为 1024px 和 768px，**3.** 设置【持续时间】为 5 秒，**4.** 单击【确定】按钮，如图 2-129 所示。

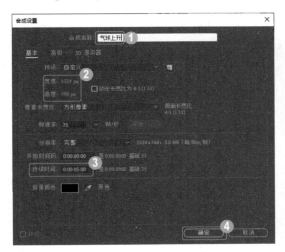

图 2-129

第 3 步 按快捷键 Ctrl+Y 创建一个纯色图层，并设置【颜色】为绿色。然后将纯色图层放置在底层，作为合成的背景，如图 2-131 所示。

第 2 步 将素材文件 "热气球.png" 导入到【项目】面板中，并拖曳到【气球上升】合成上，再设置【热气球.png】图层的【缩放】属性为 15%，如图 2-130 所示。

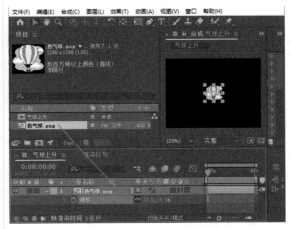

图 2-130

第 4 步 选中【热气球.png】图层，将时间指示器移动到第 0 秒处，然后按 P 键调出【位置】属性，并开启其自动关键帧，设置【位置】参数为（33,828），如图 2-132 所示。

图 2-131 图 2-132

第 5 步 选中【热气球 .png】图层，将时间指示器移动到第 4 秒处，设置【位置】参数为
（926.7,87.9），如图 2-133 所示。

图 2-133

第 6 步 拖曳时间指示器即可查看本例制作的动画效果，如图 2-134 所示。

图 2-134

2.7.2 制作风车旋转动画

利用【旋转】属性，可以制作一个风车旋转动画，本例将详细介绍
制作风车旋转动画的操作方法。

<< 扫码获取配套视频课程，本节视频课程播放时长约为 31 秒。

配套素材路径：配套素材\第2章
素材文件名称：风车旋转动画素材.aep

第1步 打开素材文件"风车旋转动画素材.aep",设置【风车.png】图层的【锚点】参数为(387,407)、【位置】参数为(514,409)、【缩放】参数为(50,50%),如图 2-135 所示。

第2步 将时间指示器拖动到起始帧的位置,开启【风车.png】图层下【旋转】的自动关键帧,并设置【旋转】参数为 0x+0°,如图 2-136 所示。

图 2-135

图 2-136

第3步 将时间指示器拖曳到结束帧的位置,并设置【旋转】参数为 3x+75°,如图 2-137 所示。

图 2-137

第4步 拖曳时间指示器即可查看本例制作的动画效果,如图 2-138 所示。

图 2-138

2.7.3 制作三维文字旋转效果

利用三维图层和【旋转】属性可以制作三维文字旋转效果，本例详细介绍制作三维文字旋转动画的操作方法。

<< 扫码获取配套视频课程，本节视频课程播放时长约为 38 秒。

 配套素材路径：配套素材\第2章

素材文件名称：制作三维文字旋转素材.aep

操作步骤   Step by Step

第1步 打开素材文件"制作三维文字旋转素材.aep"，加载合成，开启【文字.png】图层的三维图层，设置【位置】参数为（512,435,715），如图2-139所示。

第2步 将时间指示器移动到起始帧位置，开启【文字.png】图层下的【X轴旋转】的自动关键帧，设置【X轴旋转】为0x −20°，将时间指示器移动到第2秒的位置，设置【X轴旋转】为0x+340°，如图2-140所示。

图 2-139

图 2-140

第3步 拖动时间指示器即可查看最终制作的三维文字旋转效果，如图2-141所示。

图 2-141

📝 知识拓展

三维图层可以操作的旋转参数包含 4 个，分别是【方向】和【x/y/z 旋转】，而二维图层只有一个【旋转】属性。

2.8 思考与练习

一、填空题

1. 一部 MG 动画的整体基调在于文案以及画面，其中 _____ 的体现在于它能传达作者的意图、诉求，可以点活画面，突出主旨，能够让受众领会主旨意义。

2. _____ 指的是在制作 MG 动画之前，在文案的基础上，通过文字以及绘图方式对每一个镜头进行设计，按照顺序标注镜头，并在每个镜头下面写上对应的文案。

3. MG 动画主要由简单的 _____ 组成，好的绘画功底和配色技巧可以极大提升整体的视觉体验。

4. 一部 MG 动画的声音包括三个方面——配音、_____、音效，MG 动画声音的创作也是基于这三个方面。

5. 素材是制作 MG 动画的 _____，素材的来源主要是前期以分镜头脚本为蓝本所进行的素材绘制，包括不同的 ICON、人物、场景等。

6. _____ 文件是指一组有序排列的图片文件，如逐帧存储的短视频。

7. 展开一个图层，在没有添加遮罩或任何特效的情况下，只有一个变换属性组，包含了图层最重要的 _____ 个属性，在制作动画特效时占据着非常重要的地位。

二、判断题

1. 好的文案可以弥补画面的不足，补充画面信息。在 MG 动画中，文案主要以两种形式存在，一种是画外音解说，需后期配音；另一种是纯字幕展示，后期不配音。　　（　　）

2. 每一个合成都有自己的时间轴，用户既可以通过运用图片、音频和视频等素材建立合成，但不可以先建立一个空合成，再向其中添加素材。　　（　　）

3. 每一个合成都有自己的时间轴，用户既可以通过运用图片、音频和视频等素材建立合成，又可以先建立一个空合成，再向其中添加素材。　　（　　）

4. PSD 格式文件为 Illustrator 的自用格式，含有层次关系，可直接导入 After Effects 中并进行分层编辑，使用 PSD 文件进行编辑有非常重要的优势：高兼容，支持分层和透明。（　　）

5. 图层的顺序决定了每个图层之间的遮挡关系。在【时间轴】面板中选择图层，上下拖曳到适当的位置，可以改变图层顺序。　　（　　）

6. 如果需要对图层在【合成】面板中的空间关系进行快速对齐操作，除了使用选择工具手动拖曳外，还可以使用【对齐】面板对选择的图层进行自动对齐和分布操作。最少选择三个图层才能进行对齐操作，最少选择两个图层才可以进行分布操作。　　（　　）

7. 在进行对齐或分布操作时要基于图层的位置进行对齐，而不是图层在时间轴上的先后顺序。   （   ）

三、简答题

1. 如何导入序列图像？

2. 如何调整图层顺序？请多给出几种方法。

第 3 章
设计与制作关键帧动画

本章主要介绍时间与关键帧、关键帧的编辑、图表编辑器方面的知识与技巧，在本章的最后还针对实际的工作需求，讲解一些制作关键帧动画案例。通过对本章内容的学习，读者可以掌握设计与制作关键帧动画方面的知识，为深入学习 MG 动画设计与制作知识奠定基础。

3.1　时间与关键帧

在不同的时间点对各个元素赋予不同的属性值，可以让这些元素产生动画效果。时间轴可以让图层在时间维度上的变化变得可视化，方便用户对图层的效果进行调整。时间轴上有两个对动画运动起到非常重要的作用因素，那就是时间和关键帧，巧妙地结合两者，可以让动画的运动更加多样化。

3.1.1　时间的概念

通过时间轴，用户可以看到图层在不同时间发生的属性变化，其中时间是指合成的运行时间、图层的时间属性和时间范围。了解 After Effects 中的时间概念，用户就能更加清楚画面的切换原理，让画面衔接得更加流畅。

1. 运行时间

运行时间是指时间指示器所在位置的时间。每一个图层都会对应一个图层持续时间条，它位于时间标尺的下方。通过移动时间标尺上的时间指示器，用户既可以看到当前时间在整段时间中的位置和占比，又可以在【时间轴】面板的左上方看到当前时间的具体数值（也就是时间码），如图 3-1 所示。

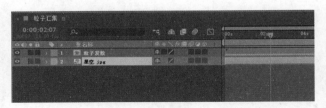

图 3-1

时间码既可以秒数的形式显示，又可以帧数的形式显示，同时在时间标尺上的显示方式也会发生相应的变化。按住 Ctrl 键并单击时间数值，可以实现这两种显示模式的切换，如图 3-2 所示。

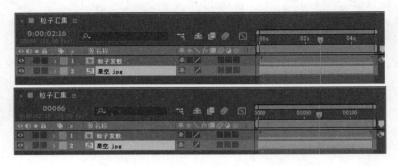

图 3-2

2. 图层的时间

图层的时间包括图层的起点时间、终点时间和持续时间等属性，这些属性决定图层在视频中何时出现、何时消失，以及以什么样的方式播放。

在图层持续时间条中，首端表示该图层的开始时间，尾端表示该图层的结束时间，两者相减即为持续时间。如图 3-3 所示，图层的开始时间是第 0 秒（图层的进入点），结束时间（图层的输出点）是第 5 秒，可以看到该图层上的动画持续了 5 秒。

图 3-3

在图层属性的列名处右击，可以在【列数】子菜单中选择【入】【出】【持续时间】菜单项，直接对相关属性进行调整，如图 3-4 所示。

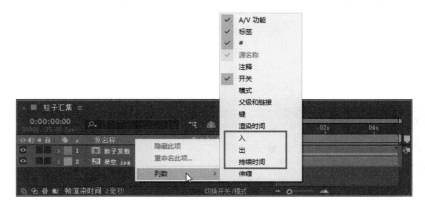

图 3-4

图层持续时间条以一个长条显示，拖曳首尾两端，即在整体上改变图层的入点和出点的位置，如图 3-5 所示。将光标放在图层持续时间条的首端或尾端，待出现双向箭头标识时拖曳可以更改图层的开始时间或结束时间，但是这样并不会改变图层原本的播放速度，而是延长或缩短图层的播放时间，如图 3-6 所示。

【伸缩】列下的百分比为图层的时间伸缩数值（即拉伸因素），指的是图层在合成中的时长在原本时长中的占比，如图 3-7 所示。当伸缩值为 50% 时，表示一段时长原本为 10 秒的视频在合成中只持续了 5 秒。

单击【伸缩】参数，弹出【时间伸缩】对话框，在【原位定格】区域可以设置在改变时间伸缩值时图层变化的基准点，如图 3-8 所示。

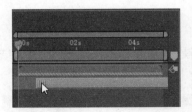
图 3-5

图 3-6

图 3-7

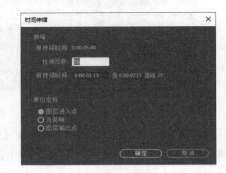
图 3-8

- 图层进入点：以层入点为基准，也就是在调整过程中，固定入点位置。
- 当前帧：以当前时间指针为基准，也就是在调整过程中，同时影响入点和出点位置。
- 图层输出点：以层出点为基准，也就是在调整过程中，固定出点位置。

3. 时间范围

时间码的上方是时间导航器，起到调整时间跨度的作用，其首尾两端可以拖曳（按住 Alt 键并滚动鼠标滚轮也可以达到同样的目的）；时间码的底部是时间标尺，起到调整合成的显示时间范围的作用，其首尾两端同样可以拖曳。拖曳时间导航器时，时间标尺的长度会对应发生变化，但是时间标尺所显示的时间范围不会发生变化，如图 3-9 所示。

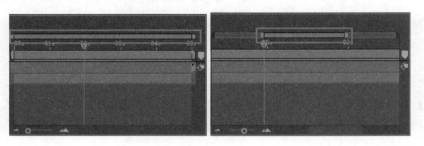
图 3-9

3.1.2 关键帧的概念

如果需要在 After Effects 中创建动画，一般需要使用关键帧。关键帧的概念来源于传统的动画片制作。人们看到的视频画面，其实是一幅幅图像快速播放而产生的视觉欺骗，在早期的动画制作中，这些图像中的每一张都需要动画师绘制出来，如图 3-10 所示。

图片一　　图片二　　图片三　　图片四

图片五　　图片六　　图片七　　图片八

图 3-10

所谓关键帧动画，就是给需要动画效果的属性，准备一组与时间相关的值，这些值都是从动画序列中比较关键的帧中提取出来的；而其他时间帧中的值，可以用这些关键值，通过特定的插值方法计算得到，从而得到比较流畅的动画效果。

动画是基于时间变化的，如果图层的某个动画属性在不同时间产生不同的参数变化，并且被正确地记录下来，那么可以称这个动画为"关键帧动画"。

在制作 After Effects 关键帧动画时，至少需要两个关键帧，其中第 1 个关键帧表示动画的初始状态，第 2 个关键帧表示动画的结束状态，而中间的动态则由计算机通过插值计算得出。比如，可以在 0 秒的位置设置不透明度属性为 0%，在第 1 秒的位置设置不透明度属性为 100%，如果这个变化被正确地记录下来，那么图层就产生了不透明度在 0 ~ 1 秒从 0% 到 100% 的变化。

3.2　关键帧的编辑

在设置关键帧动画时有很多设置技巧，它们可以让用户高效、快速地完成项目，也可以让用户制作出复杂、酷炫的动画效果。本节将详细介绍如何通过编辑关键帧来实现画面的方法。

3.2.1 选择与编辑关键帧

在制作动画时，用户可以为图层的各个属性设置关键帧，以实现满意的效果。下面详细介绍选择与编辑关键帧的相关方法。

1. 选择关键帧

在选择关键帧时，主要有以下几种情况。

第 1 种：如果要选择单个关键帧，只需要单击关键帧即可。

第 2 种：如果要选择多个关键帧，可以在按住 Shift 键的同时连续单击需要的关键帧，或是按住鼠标左键拉出一个选框，这样可以选择选框区域内的关键帧，如图 3-11 所示。

图 3-11

第 3 种：如果要选择图层属性中的所有关键帧，单击【时间轴】面板中的图层属性的名字即可，如图 3-12 所示。

图 3-12

第 4 种：如果要选择一个图层内属性中数值相同的关键帧，只需要在其中一个关键帧上右击，然后选择【选择相同关键帧】菜单项，如图 3-13 所示。

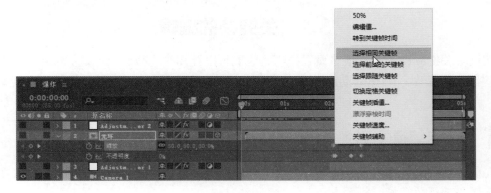

图 3-13

第 5 种：如果要选择某个关键帧之前或之后的所有关键帧，只需要在该关键帧上右击，然后选择【选择前面的关键帧】菜单项或【选择跟随关键帧】菜单项，如图 3-14 所示。

图 3-14

2. 编辑关键帧

关键帧可以记录某一属性在特定时间的数值，编辑关键帧包括改变关键帧的数值，以及改变关键帧在时间轴上的位置。

（1）改变关键帧的数据

在编辑单个关键帧的数值之前，需要保证时间指示器位于关键帧所在的时刻，此时该属性左侧的【时间变化秒表】按钮高亮显示。拖曳鼠标改变参数，或在框内输入数值，都可以改变关键帧的数值，如图 3-15 所示。

图 3-15

若要同时设置多个关键帧的数值，需要先使目标关键帧处于被选中的状态，并让时间指示器位于任意一个所选关键帧的位置，然后通过左右拖曳鼠标改变参数或在框内输入数值即可，如图 3-16 所示。

图 3-16

除此之外，还有另外一种设置属性数值的方式，该方式对时间指示器的位置没有要求。双击想要更改的关键帧，在弹出的对话框中输入具体数值，单击【确定】按钮即可，如图 3-17 所示。

图 3-17

（2）改变关键帧的位置

选中目标关键帧，拖曳即可改变关键帧的位置，如图 3-18 所示。

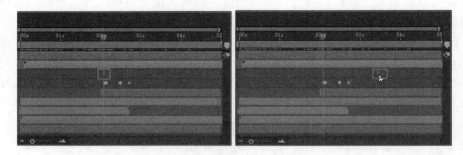

图 3-18

选中多个关键帧后，拖曳即可同时改变多个关键帧的位置，如图 3-19 所示。

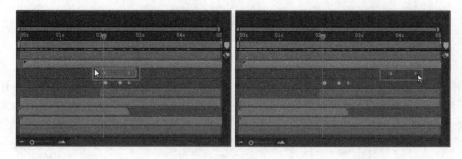

图 3-19

选中一个或多个关键帧，按快捷键 Ctrl+C 进行复制，并按快捷键 Ctrl+V 进行粘贴，粘贴的位置是由时间指示器的位置决定的。在选中多个关键帧时，以第 1 个关键帧的位置为基准开始粘贴。另外，除了可以在同一图层的同一属性内进行复制和粘贴，After Effects 还支持在不同图层的同一属性处进行复制和粘贴。如图 3-20 所示，可以将【光环】图层中的【不透明度】关键帧复制到【光环 1】图层中。

图 3-20

3.2.2 关键帧类型

最普通的关键帧是菱形关键帧，在两个菱形关键帧之间，属性值按固定速度变化，即线性变化。当需要让动画看起来更加平滑或成为定格画面时，就需要改变关键帧的类型。下面介绍一些关键帧的类型。

1. 缓动关键帧

缓动类型的关键帧属于平缓类关键帧，它包括缓动关键帧、缓入关键帧和缓出关键帧。选中普通关键帧，在它的右键菜单的【关键帧辅助】子菜单中可以选择【缓动】、【缓入】或【缓出】菜单项进行切换，如图 3-21 所示。

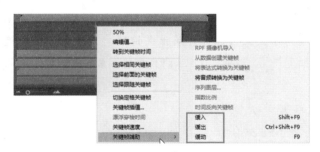

图 3-21

- 缓入：让所选关键帧左侧的动画变得平滑，快捷键为 Shift+F9。
- 缓出：让所选关键帧右侧的动画变得平滑，快捷键为 Ctrl+Shift+F9。
- 缓动：让这一时刻的动画变得平滑，快捷键为 F9。

2. 圆形关键帧

圆形关键帧同样属于平缓类关键帧，按住 Ctrl 键后单击菱形关键帧即可创建一个圆形关键帧。虽然同样是平缓类关键帧，但是圆形关键帧和缓动关键帧在速度上有明显的区别：缓动关键帧使属性在该时间点的变化速度降低到 0，而圆形关键帧则是平滑属性在该时间点的变化速度。

3. 定格关键帧

不同于以上两类关键帧，定格关键帧会让这一时刻的动画定格住，并持续到下一个关键帧动画才恢复正常，常用来制作静止或突变效果。选中任何一种关键帧，都可以在右键快捷菜单中选择【切换定格关键帧】菜单项创建一个定格关键帧，如图 3-22 所示。

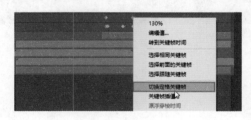

图 3-22

4. 菱形关键帧

按住 Ctrl 键并单击特殊关键帧，就能将其恢复成普通的菱形关键帧。

3.2.3 实战——纸飞机路径动画

本例将详细介绍一个非常有趣的纸飞机路径动画的制作方法，只需通过简单设置【位置】属性关键帧，并改变一些关键帧类型即可。

<< 扫码获取配套视频课程，本节视频课程播放时长约为 1 分 16 秒。

 配套素材路径：配套素材\第3章
素材文件名称：纸飞机.aep

操作步骤   Step by Step

第 1 步 启动 After Effects 2022 软件，打开本例的素材文件"纸飞机.aep"。选中【纸飞机.png】图层，然后将纸飞机移动到画面的右上角，按 P 键调出【位置】属性，并开启其自动关键帧，如图 3-23 所示。

第 2 步 分别将时间指示器移动到第 2 秒和第 4 秒处，然后将纸飞机移动到如图 3-24 所示的位置附近，这时会自动创建【位置】属性关键帧。

第 3 步 让纸飞机的运动轨迹大致呈 S 形，呈现一种律动感。这里分别在第 1 秒和第 3 秒时将纸飞机移动到如图 3-25 所示的位置附近，同样会自动创建【位置】属性关键帧。

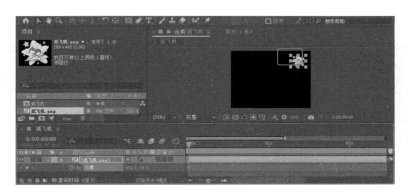

图 3-23

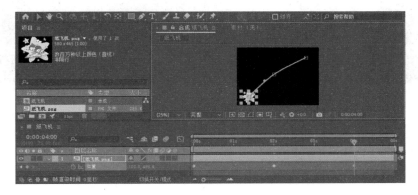

图 3-24

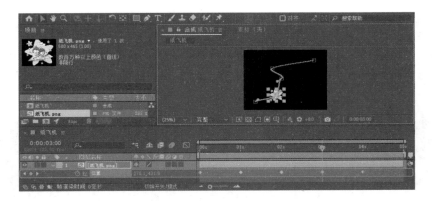

图 3-25

第 4 步 纸飞机在运动时会受到重力和空气阻力的影响，在空气阻力与重力的作用下，纸飞机在平缓飞行时的速度较慢，在下落时的速度较快，因此纸飞机在起飞和落地期间所耗费的时间更长。将第 1 秒和第 3 秒处的关键帧分别向第 2 秒处靠近，然后按住 Ctrl 键并单击移动后的两个关键帧，将其转换为圆形关键帧。接着选中第 0 秒和第 4 秒处的关键帧，按 F9

键将其转换为缓动关键帧，如图 3-26 所示。

图 3-26

第 5 步 拖动时间指示器即可查看最终制作的纸飞机路径动画，如图 3-27 所示。

图 3-27

3.3 图表编辑器

图表编辑器是 After Effects 在整合以往版本的速率图表基础上提供的更丰富、更人性化的控制动画的一个全新功能模块。本节将详细介绍图表编辑器的相关知识。

3.3.1 打开图表编辑器

用户单击【图表编辑器】按钮 📊，可以在关键帧编辑器和动画曲线编辑器之间切换。图表编辑器内显示的是属性值的变化情况，其中的横轴表示时间，纵轴表示属性值，曲线上的小方块表示对应时刻的关键帧，如图 3-28 所示。

图 3-28

图表编辑器有非常方便的视图控制能力，最常用的有以下 3 种按钮工具。

- 【自动缩放图表高度】按钮 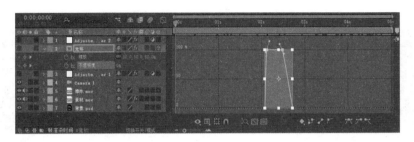：以曲线高度为基准自动缩放视图。
- 【使选择适于查看】按钮 ：将选择的曲线或者关键帧显示自动匹配到视图范围。
- 【使所有图表适于查看】按钮 ：将所有的曲线显示自动匹配到视图范围。

退出图表编辑器，将图层持续时间条中间的关键帧切换为缓动关键帧后，再次进入图表编辑器，这时【不透明度】属性值的曲线变得平滑，如图 3-29 所示。这就是使用图表编辑器的优势，可以以线条的方式直观地查看属性的变化。

图 3-29

3.3.2 编辑图表内容和范围

除了值曲线外，图表编辑器还可以显示速度曲线。单击图表编辑器底部的【选择图表类型和选项】按钮 ，在弹出的列表中有【编辑值图表】和【编辑速度图表】两个选项，如图 3-30 所示。

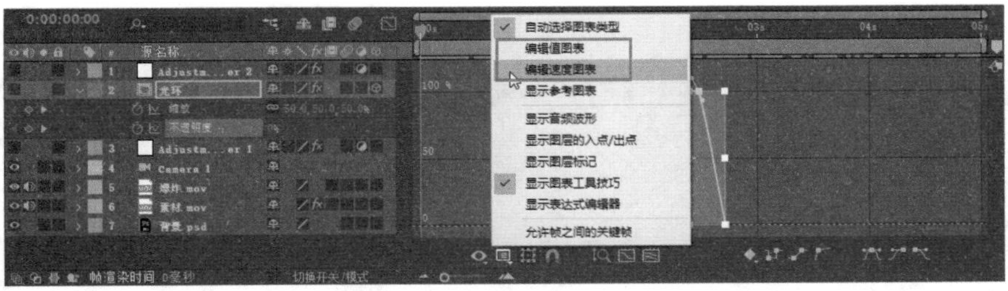

图 3-30

当图表类型为【编辑速度图表】时，图表编辑器内显示的是速度的变化情况，其中图表的横轴表示时间，纵轴表示属性变化速度，曲线上的小方块表示关键帧。如图 3-31 所示为【不透明度】属性的速度变化情况。

图表编辑器是时间轴的另一种显示方式，其作用也没有发生改变，其显示范围同样随着时间导航器的变化而变化，如图 3-32 所示。

除了调整时间导航器，图表编辑器还提供了 3 种更加便利的方式来调整图表的显示范围，分别为【自动缩放图表高度】、【使选择适于查看】和【使所有图表适于查看】。

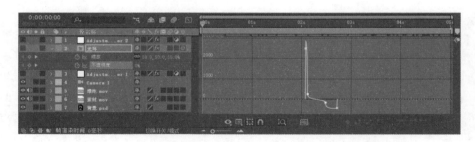

图 3-31

图 3-32

1. 自动缩放图表高度

单击【自动缩放图表高度】按钮 ，图表的纵轴显示范围会自动进行调整，略微超过时间导航器范围内的曲线值的最大值和最小值，便于用户在更改参数或拖曳时间导航器时查看属性值变化，如图 3-33 所示。

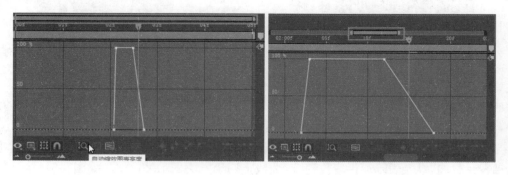

图 3-33

2. 使选择适于查看

使用【使选择适于查看】功能，需要先选中一段或多段曲线。如选中一段下降的曲线，单击【使选择适于查看】按钮 ，时间导航器的范围将自动进行调整，曲线被缩放为适合整个图表框的大小，如图 3-34 所示。

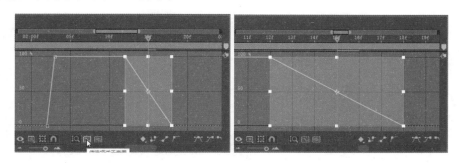

图 3-34

3. 使所有图表适于查看

【使所有图表适于查看】功能针对有多个曲线显示在图表中的情况。如图 3-35 所示，图层的【缩放】和【不透明度】属性均设置了关键帧，选择这两个属性后，可以看到两个属性的值曲线同时显示在图表中。

图 3-35

单击【使所有图表适于查看】按钮█，时间导航器的范围将自动进行调整，这时所有显示的曲线均被缩放为适合整个图表框的大小，如图 3-36 所示。

图 3-36

3.3.3 编辑关键帧和曲线

图表中的小方块表示的是属性关键帧，用户可以在图表编辑器中通过编辑小方块来编辑关键帧。与在时间轴中编辑属性关键帧的方式相同，拖曳、使用快捷键或执行菜单命令均可以更改属性关键帧，但在图表编辑器中用拖曳的方法更加便利。

除了更改关键帧所处的时间点，在图表编辑器中还能直接更改关键帧的属性值。拖曳关键帧时，水平方向的位移对应所处时间的变化，竖直方向的位移对应属性值（或值的变化速度）的变化。在拖曳小方块的过程中，弹出的黄色窗口将实时显示该位置所处的时间和属性值（包括与原始关键帧的差值），如图 3-37 所示。当用户只想改变关键帧的属性值或时间时，只需在拖曳时按住 Shift 键。

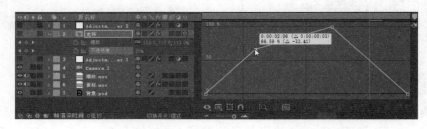

图 3-37

当用户选中了一个或多个关键帧时，还可以通过图表编辑器底部的按钮编辑关键帧，如图 3-38 所示。

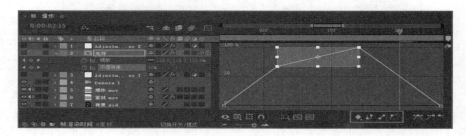

图 3-38

- 编辑选定的关键帧<span></span>：单击该按钮，弹出一个菜单，与在时间轴中单击鼠标右键的效果相同，如图 3-39 所示。

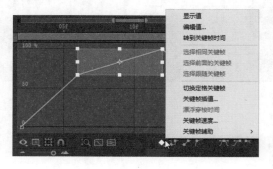

图 3-39

- 将选定的关键帧转换为定格：将选定的关键帧切换为定格关键帧。
- 将选定的关键帧转换为"线性"：将选定的关键帧切换为线性关键帧，即普通的菱形关键帧。
- 将选定的关键帧转换为自动贝塞尔曲线：将选定的关键帧切换为自动贝塞尔曲线关键帧，即圆形关键帧。

在图表编辑器中选中缓动关键帧，这时小方块的两侧各出现一个黄色的手柄（该手柄端点为圆形），如图 3-40 所示。使用手柄，用户能更方便地调整曲线的形状。

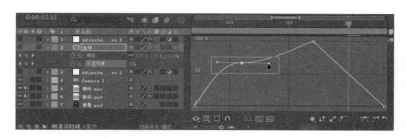

图 3-40

一般通过控制手柄的方向和长度可调整曲线（关键帧的值或速度）。当手柄的方向和关键帧的切线方向相同时，表示曲线的变化方向。若手柄呈水平状态，那么该点的曲线值的变化率很小；若手柄的状态接近竖直，那么该点的曲线值的变化率很大。手柄的长度表示变化趋势被延伸的程度，长度越长，趋势被延伸得越长。如图 3-41 所示，左侧的手柄由水平被调整到接近垂直，因此左侧部分的曲线发生变化，由缓和变得陡峭；右侧的手柄在方向上没有变化，但是长度变长，曲线变成开始时平缓、结束时急促的状态。

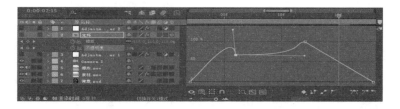

图 3-41

3.3.4 **实战——制作产品动态销售图表动画**

　　制作的产品销售图表数据不是一成不变的，动态地显示图表内容，可以轻松地对多个维度的数据进行对比。本例详细介绍制作产品动态销售图表动画的操作方法。

　　<< 扫码获取配套视频课程，本节视频课程播放时长约为 1 分 22 秒。

配套素材路径：配套素材\第3章
素材文件名称：产品动态销售图表.aep

操作步骤   Step by Step

第1步 打开本例的素材文件"产品动态销售图表.aep"，选择【向后平移（锚点）工具】，将【柱形图.png】图层的锚点移动到矩形的底部，如图3-42所示。

第2步 选中【柱形图.png】图层，按S键调出【缩放】属性，然后单击【约束比例】按钮，取消尺寸的比例约束。将时间指示器移动到第1秒处，开启【缩放】属性的自动关键帧，如图3-43所示。

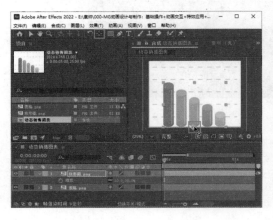
图 3-42

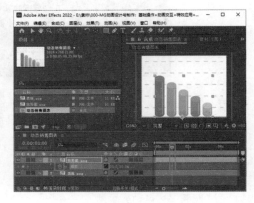
图 3-43

第3步 将时间指示器拖曳到第0秒处，设置【缩放】属性的参数为（30%,0%）。然后选中这两个关键帧，按F9键将其转换为缓动关键帧，如图3-44所示。

图 3-44

第4步 单击【图表编辑器】按钮，在图表编辑器中单击【使所有图表适于查看】按钮，方便对关键帧进行编辑，如图3-45所示。

第5步 本例要制作出柱形图先快速上升，略微回弹后稳定的动画效果。选中绿色曲线，调整曲线两侧手柄的方向和长度，如图3-46所示。

第6步 拖动时间指示器即可查看最终制作的产品动态销售图表的动画效果，如图3-47所示。

图 3-45

图 3-46

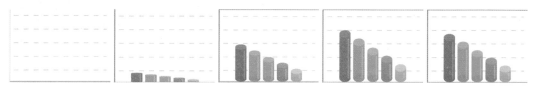

图 3-47

3.4　实战案例与应用

　　本节将通过一些范例应用，如制作不透明度动画、制作位移动画、制作旋转动画、制作剪纸动画、制作刹车动画等，练习上机操作，以达到对设计和制作关键帧动画巩固学习、拓展提高的目的。

3.4.1　制作不透明度动画

　　　　【不透明度】属性是以百分比的方式来调整图层的不透明度。本例详细介绍制作不透明度动画的操作方法，通过该实例的制作，可学习关键帧的使用，掌握应用【不透明度】属性制作动画的方法。

　　　　≪ 扫码获取配套视频课程，本节视频课程播放时长约为58秒。

配套素材路径：配套素材\第3章

素材文件名称：制作不透明度动画素材.aep

操作步骤   Step by Step

第1步 打开本例的素材文件"制作不透明度动画素材.aep"，加载合成，如图3-48所示。

图 3-48

第3步 将时间指示器拖曳到第1秒处，展开【文字2】图层下的【变换】属性组，单击【不透明度】前面的【时间变换秒表】按钮◎，开启关键帧，并设置【不透明度】参数为0%；然后将时间指示器拖曳到第2秒处，设置【不透明度】参数为100%，如图3-50所示。

图 3-50

第2步 将时间指示器拖曳到起始帧的位置，展开【文字1】图层下的【变换】属性组，单击【不透明度】前面的【时间变换秒表】按钮◎，开启关键帧，并设置【不透明度】参数为0%；然后将时间指示器拖曳到第1秒处，设置【不透明度】参数为100%，如图3-49所示。

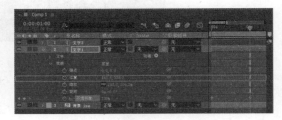

图 3-49

第4步 拖动时间指示器即可查看最终制作的不透明度动画效果，如图3-51所示。

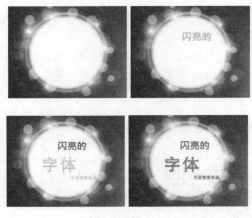

图 3-51

知识拓展

　　当图层的数量较多时，将每个图层的所有属性都展开会使面板变得杂乱，这样不利于工作的开展。通过快捷键，可以调出用户需要编辑的某一属性。另外，按 U 键可以调出被激活的所有关键帧。

3.4.2　制作位移动画

　　【位置】属性主要用来制作图层的位移动画。本例详细介绍制作位移动画的操作方法，通过该实例的制作，可学习关键帧的使用，掌握应用【位置】属性制作动画的方法。

　　<< 扫码获取配套视频课程，本节视频课程播放时长约为 56 秒。

配套素材路径：配套素材\第3章
素材文件名称：制作位移动画素材.aep

操作步骤　　　　　　　　　　　　　　　　　Step by Step

第1步 打开本例的素材文件"制作位移动画素材 .aep"，加载合成，如图 3-52 所示。

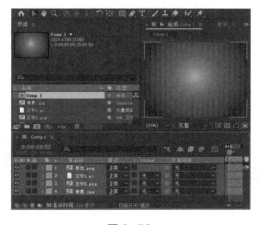

图 3-52

第2步 将时间指示器拖曳到起始帧的位置，展开【文字 2.png】图层下的【变换】属性组，单击【位置】前面的【时间变换秒表】按钮，开启关键帧，并设置【位置】参数为（−320,384）；然后将时间指示器拖曳到第 20 帧处，设置【位置】参数为（512,384），如图 3-53 所示。

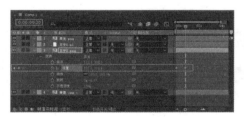

图 3-53

第3步 将时间指示器拖曳到第 20 帧处，展开【文字 1.ai】图层下的【变换】属性组，单击的【位置】前面的【时间变换秒表】按钮，开启关键帧，并设置【位置】参数为（512,−44）；然后将时间指示器拖曳到第 1 秒 20 帧的处，设置【位置】参数为（512,384），如图 3-54 所示。

图 3-54

第4步 拖动时间指示器即可查看最终制作的位移动画效果，如图 3-55 所示。

图 3-55

3.4.3 制作旋转动画

　　【旋转】属性是以锚点为基准旋转图层。本例详细介绍制作旋转动画的操作方法，通过该实例的制作，可学习关键帧的使用，掌握应用【旋转】属性制作动画的方法。

<< 扫码获取配套视频课程，本节视频课程播放时长约为 1 分 2 秒。

　　配套素材路径：配套素材\第3章
素材文件名称：制作旋转动画素材.aep

操作步骤　　　　　　　　　　　　　　　　　　　　　　　　Step by Step

第1步 打开本例的素材文件"制作旋转动画素材 .aep"，加载合成。将时间指示器拖曳到起始帧的位置，展开【黑板 .jpg】图层下的【变换】属性组，单击【旋转】前面的【时间变换秒表】按钮，开启关键帧，并设置【旋转】参数为 36°；然后将时间指示器拖曳到第 1 秒处，设置【旋转】参数为 -30°，如图 3-56 所示。

第2步 将时间指示器拖曳到第 2 秒处，并设置【旋转】参数为 20°；然后将时间指示器拖曳到第 3 秒处，设置【旋转】参数为 -20°；最后将时间指示器拖曳到第 4 秒处，设置【旋转】参数为 0°，如图 3-57 所示。

图 3-56

图 3-57

第 3 步 单击【图形编辑器】按钮█，选择【黑板 .jpg】图层的旋转属性，然后选择工具栏中的【转换"顶点"工具】█，分别调节每个点的曲线效果，如图 3-58 所示。

第 4 步 拖动时间指示器即可查看本例最终制作的旋转动画效果，如图 3-59 所示。

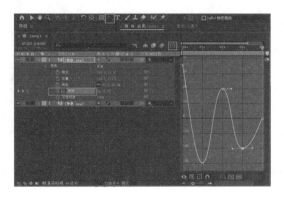

图 3-58

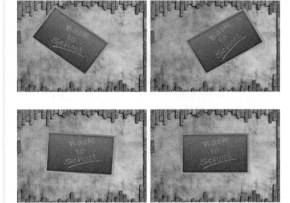

图 3-59

3.4.4 制作缩放动画

　　【缩放】属性可以以锚点为基准来改变图层的大小。本例详细介绍制作缩放动画的操作方法，通过该实例的制作，可以学习关键帧的使用，掌握应用【缩放】属性制作动画的方法。

　　<< 扫码获取配套视频课程，本节视频课程播放时长约为 58 秒。

配套素材路径：配套素材\第3章
素材文件名称：制作缩放动画素材.aep

操作步骤 Step by Step

第1步 打开本例的素材文件"制作缩放动画素材.aep"，加载合成。将时间指示器拖曳到起始帧的位置，展开【手.png】图层下的【变换】属性组，单击【缩放】前面的【时间变换秒表】按钮，开启关键帧，并设置【缩放】参数为60%；然后将时间指示器拖曳到第20帧处，设置【缩放】参数为45%，如图3-60所示。

第2步 将时间指示器拖曳到第1秒10帧处，展开【01.jpg】图层下的【变换】属性组，单击【缩放】前面的【时间变换秒表】按钮，开启关键帧，并设置【缩放】参数为0%；然后将时间指示器拖曳到第2秒05帧处，设置【缩放】参数为45%，如图3-61所示。

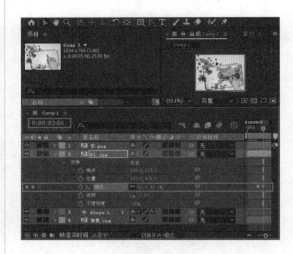

图 3-60

图 3-61

第3步 拖动时间指示器即可查看最终制作的缩放动画效果，如图3-62所示。

图 3-62

3.4.5 制作剪纸动画

本例将介绍利用【位置】和【缩放】属性关键帧制作剪纸动画效果的方法，从而使读者巩固和提高使用 After Effects 制作动画的能力。

<< 扫码获取配套视频课程，本节视频课程播放时长约为 1 分 6 秒。

 配套素材路径：配套素材\第3章

素材文件名称：制作剪纸动画素材.aep

操作步骤 Step by Step

第1步 打开本例的素材文件"制作剪纸动画素材.aep"，加载合成，将时间指示器拖曳到起始帧处，开启【03.png】图层下的【位置】和【缩放】自动关键帧，并设置【位置】参数为（512,690）、【缩放】参数为（100%,0%）；然后将时间指示器拖曳到第1秒处，设置【位置】参数为（512,384）、【缩放】参数为（100%,100%），如图 3-63 所示。

第2步 将时间指示器拖曳到第 1 秒处，开启【02.png】图层下的【位置】自动关键帧，并设置【位置】参数为（512,-204）；将时间指示器拖曳到第 3 秒处，设置【位置】参数为（512,384），如图 3-64 所示。

图 3-63   图 3-64

第3步 将时间指示器拖曳到第2秒处，开启【01.png】图层下的【位置】和【缩放】自动关键帧，并设置【位置】参数为（512,662）、【缩放】参数为（100%,0%）；再将时间指示器拖曳到第3秒处，设置【位置】参数为（512,384）、【缩放】参数为（100%,100%），如图3-65所示。

图 3-65

第4步 拖动时间指示器即可查看最终制作的剪纸动画效果，如图3-66所示。

图 3-66

3.4.6 制作刹车动画

本例将介绍利用【位置】属性关键帧以及图表编辑器制作刹车动画效果的方法，从而使读者巩固和提高使用 After Effects 制作动画的能力。

<< 扫码获取配套视频课程，本节视频课程播放时长约为 1 分 29 秒。

配套素材路径：配套素材\第3章
素材文件名称：制作刹车动画素材.aep

操作步骤

Step by Step

第1步 打开本例的素材文件"制作刹车动画素材 .aep"，加载合成。选择【卡通汽车.png】图层，按 P 键调出【位置】属性，右击，在弹出的快捷菜单中选择【单独尺寸】菜单项，如图3-67所示。

第2步 此时拆分出【X 位置】和【Y 位置】两个属性，本例只让小车在水平方向上运动，并从画面的右侧进入，因此只设置【X 位置】参数为 1778，并在第 0 秒处开启它的自动关键帧，如图3-68所示。

图 3-67

图 3-68

第3步 将时间指示器移动到第2秒处，并设置【X位置】参数为800。然后选中所有的关键帧，按F9键将其转换为缓动关键帧，如图 3-69 所示。

第4步 单击【图表编辑器】按钮，在图表编辑器中单击【使所有图表适于查看】按钮，方便对关键帧的编辑。接着单击【选择图表类型和选项】按钮，在弹出的下拉列表中选择【编辑速度图表】选项，如图 3-70 所示。

图 3-69

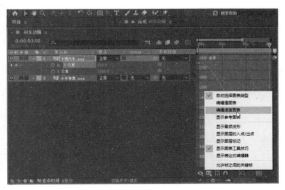

图 3-70

第5步 为了让小车以较快的速度从画面的右侧进入然后减速停止，这里需要调整【X位置】的速度曲线。缩短左侧手柄的长度，延长右侧手柄的长度，使速度在开始时迅速下降，然后缓慢回升到0，如图 3-71 所示。

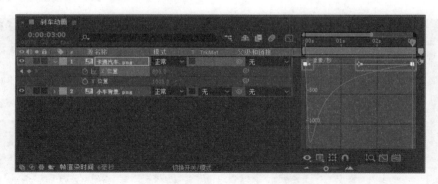

图 3-71

第6步 按空格键，即可预览本例制作的刹车动画，如图 3-72 所示。

图 3-72

3.5　思考与练习

一、填空题

1. 通过 _____ ，用户可以同时看到图层在不同时间发生的属性变化。

2. 缓动类型的关键帧属于平缓类关键帧，它包括 _____ 、缓入关键帧和缓出关键帧。

二、判断题

1. 在 After Effects 的关键帧动画中，至少需要 3 个关键帧才能产生作用。　　　（　　）

2. 时间码既可以秒数的形式显示，又可以帧数的形式显示，同时时间导航器上的显示方式也会发生相应的变化。　　　　　　　　　　　　　　　　　　　　　　（　　）

三、简答题

1. 简单概括一下关键帧类型都有哪些。

2. 如何在关键帧编辑器和动画曲线编辑器之间切换？

第 4 章
蒙版与遮罩动画

本章主要介绍蒙版与遮罩的功能、蒙版动画效果、遮罩动画效果等方面的知识与技巧，在本章的最后还针对实际的工作需求，讲解一些蒙版与遮罩的动画案例。通过对本章内容的学习，读者可以掌握蒙版与遮罩动画方面的知识，为深入学习 MG 动画设计与制作知识奠定基础。

4.1 蒙版与遮罩的功能

在 After Effects 中，用户除了可以为图层添加关键帧动画，使其产生基本的位置、缩放、旋转、不透明度等动画效果，还可以通过蒙版和遮罩功能丰富画面的层次。蒙版和遮罩的功能十分相近，均是通过改变图层的 Alpha 通道值来确定目标图层中每个像素的透明度，从而达到控制图层显示范围的目的，制作出酷炫的动画效果。

4.1.1 蒙版与遮罩

蒙版和遮罩的功能难以分清的原因在于，这两种工具的使用目的是一致的，都是为了改变图层的显示程度或区域，例如动态地调整图层的透明度。分别将蒙版和遮罩作用于图像上，两者的效果是一致的。蒙版本身是图层具有的一种属性，与图层同时存在；而遮罩则是作为一个单独的图层存在的，或者说是将某个其他图层作为本图层的遮罩来影响本图层的显示效果。

使用蒙版时，如果需要在图层中添加一个圆形的蒙版路径，只需要一个图层就可以实现效果，如图 4-1 所示。使用遮罩时，如果需要一个额外的圆形遮罩图层，则要由两个图层联合实现效果，如图 4-2 所示。由此可见，两者的使用方法在本质上有着明显的区别，在实现动画的蒙版或遮罩效果时将使用不同的创作思路，所以需要根据实际情况来选择合适的制作方式。

图 4-1

图 4-2

1. 蒙版

在 After Effects 中，蒙版是一种路径，是通过修改图层的属性来实现一些遮罩类的效果，具有下面的几个特点。

第 1 点，蒙版依附于图层，与效果和变换一样作为图层的属性而存在，而不是单独的图层。

第 2 点，蒙版属于特定图层，一个图层可以同时包含多个蒙版。

第 3 点，蒙版既可以是闭合路径，又可以是开放路径。

在 After Effects 中，绘制蒙版的工具有很多种，包括【形状工具组】■、【钢笔工具组】✎、【画笔工具】✏，以及【橡皮擦工具】◢等，如图 4-3 所示。

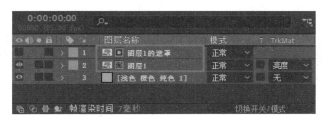

图 4-3

2. 遮罩

遮罩即用来遮挡、遮盖的工具，它的作用是通过遮挡部分图像内容来显示特定区域的图像内容，相当于一个窗口，具有以下特点。

第 1 点，尽管蒙版和遮罩实现的效果类似，但蒙版是一类属性，而遮罩是作为一个单独的图层存在的，并且通常是上一个图层对下一个图层的遮挡关系（图层和其遮罩图层紧密排列），如图 4-4 所示。

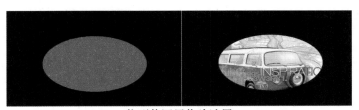

图 4-4

第 2 点，遮罩效果需要依靠其他图层来实现。遮罩图层既可以是一个形状图层或图片素材，又可以是一个视频素材，如通过调整另外一个图层的亮度（或某个通道的值）来修改本图层的不透明度，如图 4-5 ～图 4-7 所示。

将形状图层作为遮罩

图 4-5

将图片素材作为遮罩

图 4-6

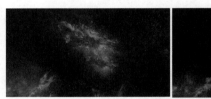

将视频素材作为遮罩

图 4-7

4.1.2 蒙版与遮罩的区别

通过上面介绍的内容，读者基本可以了解蒙版与遮罩的工作原理，进而可以总结出两者在使用方式上的差别。

1. 显示不同

- 蒙版：通过图层中蒙版路径的形状，显示出本图层中蒙版路径所围成的区域内的内容。
- 遮罩：通过遮罩图层中的图形对象，显示被修改的图层中对应的高亮度或是不透明的区域。

2. 效果图像不同

- 蒙版：多个蒙版可以隶属于同一个图层，以创建出多样的效果。
- 遮罩：只可以将单个图层放在一个遮罩图层下，一个被修改图层只能对应一个遮罩图像。

4.2 蒙版动画效果

在进行项目合成时，由于有的元素本身不具备 Alpha 通道信息，因而无法通过常规的方法将这些元素合成到一个场景中。而蒙版就可以解决这个问题：当素材不含有 Alpha 通道时，可以通过蒙版来建立透明区域。应用蒙版，用户可以制作出更多丰富的效果，本节将详细介绍应用蒙版制作动画效果的相关知识。

4.2.1 使用蒙版

蒙版主要用来制作背景的镂空透明和图像之间的平滑过渡等效果。蒙版有多种形状，利用 After Effects 软件自带的蒙版工具可完成创建，如方形、圆形和自由形状的蒙版工具。

1. 创建蒙版

蒙版有很多种创建方法和编辑技巧，通过工具栏中的按钮和菜单中的命令，都可以快速地创建和编辑蒙版，下面将介绍几种创建蒙版的方法。

（1）使用形状工具创建蒙版

使用形状工具可以快速地创建出标准形状的蒙版，下面详细介绍使用形状工具创建蒙版的操作方法。

操作步骤 Step by Step

第1步 在【时间轴】面板中，先选择需要创建蒙版的图层，然后再选择合适的形状工具，如图 4-8 所示。

第2步 保持对蒙版工具的选择，在【合成】面板中，单击并拖曳鼠标就可以创建出蒙版，如图 4-9 所示。

图 4-8

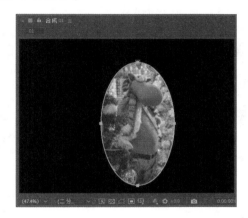

图 4-9

（2）使用【钢笔工具】创建蒙版

在工具栏中，使用【钢笔工具】 可以创建出任意形状的蒙版，在使用【钢笔工具】 创建蒙版时，必须使蒙版成为闭合的状态。下面详细介绍使用【钢笔工具】创建蒙版的操作方法。

操作步骤 Step by Step

第1步 在【时间轴】面板中，选择需要创建蒙版的图层，在工具栏中选择【钢笔工具】 ，如图 4-10 所示。

第2步 在【合成】面板中，单击确定第 1 个点，然后继续单击绘制出一个闭合的贝塞尔曲线，即可完成使用【钢笔工具】 创建蒙版的操作，如图 4-11 所示。

图 4-10

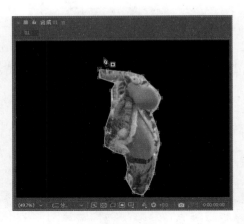

图 4-11

（3）使用【新建蒙版】命令创建蒙版

使用【新建蒙版】命令创建出的蒙版，形状都比较单一，与蒙版工具的效果相似。下面详细介绍使用【新建蒙版】命令创建蒙版的操作方法。

操作步骤 Step by Step

第1步 选择需要创建蒙版的图层后，在菜单栏中选择【图层】→【蒙版】→【新建蒙版】菜单项，如图 4-12 所示。

第2步 在【合成】面板中，可以看到已经创建出一个与图层大小一致的矩形蒙版。这样即可完成使用【新建蒙版】命令创建蒙版的操作，如图 4-13 所示。

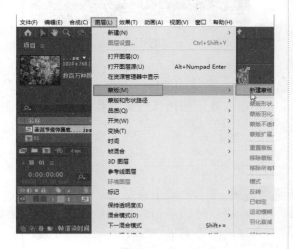

图 4-12

图 4-13

第3步 如果需要对蒙版进行调整，选择蒙版，然后在菜单栏中选择【图层】→【蒙版】→【蒙版形状】菜单项，如图 4-14 所示。

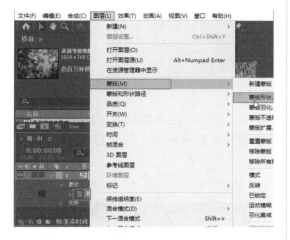

图 4-14

第4步 在弹出的【蒙版形状】对话框中，可对蒙版的位置、单位和形状进行调整，单击【确定】按钮，如图 4-15 所示。

图 4-15

第5步 通过以上步骤即可完成使用【新建蒙版】命令创建蒙版的操作，最终效果如图 4-16 所示。

图 4-16

2. 修改形状

在初次使用形状工具和【钢笔工具】创建蒙版时，不一定能够获得自己想要的图形，这时用户可以进行更加细致的调整。使用【选择工具】▶选择某一个蒙版或展开图层的【蒙版】属性，用户可以看见各个蒙版的路径，如图 4-17 所示。

图 4-17

单击【蒙版路径】属性后的高亮文字，如图 4-18 所示。在弹出的【蒙版形状】对话框中可以设置定界框的位置，以及将蒙版重置为恰好匹配定界框大小的矩形或椭圆形，如图 4-19 所示。

图 4-18

图 4-19

将光标放置在想要修改的蒙版路径上双击，即可在蒙版周围出现定界框，如图 4-20 所示。通过定界框，用户可以对蒙版路径进行移动、缩放和旋转等操作。

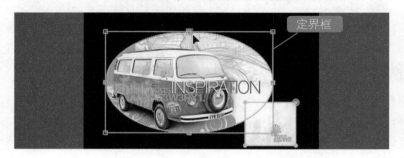

图 4-20

　　显示蒙版的定界框后，将光标移动到矩形定界框内的任意一个位置拖曳，即可移动蒙版路径，如图 4-21 所示。将光标放置在定界框的边界或角点附近,待其变为双向箭头 ⬓ 后拖曳，即可缩放蒙版路径，如图 4-22 所示。

图 4-21

图 4-22

　　将光标放置在定界框边框的其他位置，待其变为弯曲的双向箭头 ⬓ 后拖曳，即可旋转蒙版路径，如图 4-23 所示。

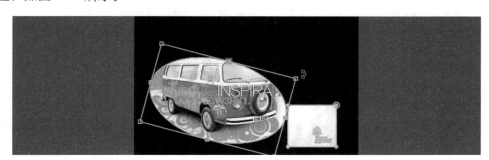
图 4-23

4.2.2　蒙版的混合模式

　　当一个图层具有多个蒙版时，可以通过各种混合模式使蒙版之间产生叠加效果。选中目标图层后,按 M 键调出【蒙版】属性,在蒙版的【模式】栏内可以更改对应蒙版的混合模式，如图 4-24 所示。

　　蒙版的混合模式有【无】、【相加】、【相减】、【交集】、【变亮】、【变暗】和【差值】共 7 种，在默认情况下,所有蒙版的混合模式均为【相加】。一般来说,第 1 层的蒙版混合模式只有【无】、【相加】和【相减】，其他模式则多用于蒙版间的叠加。

1. 无

　　选择【无】模式时，路径将不作为蒙版使用，而是作为路径使用，如图 4-25 所示。

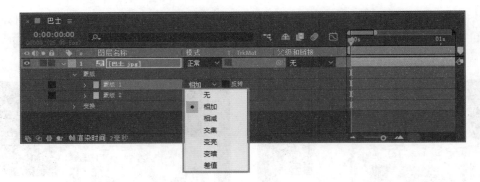

图 4-24

图 4-25

2. 相加

当蒙版的混合模式为【相加】时，会将当前蒙版区域与其上面的蒙版区域进行相加处理，如图 4-26 所示。

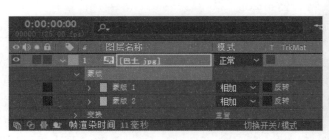

图 4-26

3. 相减

当蒙版的混合模式为【相减】时，将使蒙版范围内的图层变透明或是从该蒙版上的蒙版中减去重叠部分。如图 4-27 和图 4-28 所示，分别为给椭圆形蒙版和矩形蒙版单独设置【相减】模式的效果。

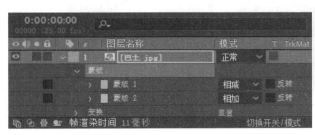

图 4-27

图 4-28

4. 交集

当蒙版的混合模式为【交集】时，只显示当前蒙版与上面所有蒙版的相交部分，如图 4-29 所示。

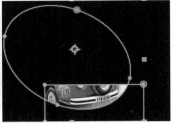

图 4-29

5. 变亮

【变亮】模式与【相加】模式相同，只是对蒙版重叠处的不透明度采用不透明度较高的值，如图 4-30 所示。

图 4-30

6. 变暗

【变暗】模式与【交集】模式相同，只是对蒙版重叠处的不透明度采用不透明度较低的值，如图 4-31 所示。

图 4-31

7. 差值

【差值】模式采取并集减去交集的方式，换言之，先将所有蒙版进行并集运算，然后再对所有蒙版的相交部分进行相减运算，如图 4-32 所示。

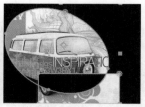

图 4-32

4.2.3 蒙版的属性

在【时间轴】面板中连续按两次 M 键，可以展开蒙版的所有属性，如图 4-33 所示。

1. 蒙版路径

用于设置蒙版的路径范围和形状，也可以为蒙版节点制作关键帧动画。

图 4-33

2. 反转

用于反转蒙版的路径范围和形状，如图 4-34 所示。

图 4-34

3. 蒙版羽化

用于设置蒙版边缘的羽化效果，可以使蒙版边缘与底层图像完美地融合在一起，如图 4-35 所示。单击【约束比例】按钮 ，将其设置为【解除约束】 状态后，可以在水平方向和垂直方向上分别设置蒙版的羽化值。

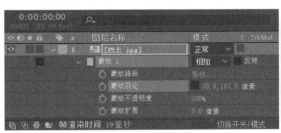

图 4-35

4. 蒙版不透明度

蒙版和图层一样具有【不透明度】属性，【蒙版不透明度】代表蒙版对图层的影响程度。蒙版只影响【蒙版不透明度】大于 0% 时所对应的图层，【蒙版不透明度】越大则对图层的影响越大。将【蒙版不透明度】分别设置为 100% 和 50% 的效果如图 4-36 所示。

图 4-36

5. 蒙版扩展

【蒙版扩展】属性可以调整蒙版的扩展程度，改变【蒙版扩展】属性并不会影响蒙版路径。参数为正表示扩展蒙版区域，参数为负表示收缩蒙版区域，如图 4-37 所示。

（a）蒙版扩展为 20   （b）蒙版扩展为 –20

图 4-37

4.2.4   实战——制作望远镜动画效果

本例首先创建一个纯色图层，然后再使用【椭圆工具】绘制两个正交圆形蒙版，最后设置蒙版混合模式，并添加不透明度关键帧，从而完成望远镜动画效果。

<< 扫码获取配套视频课程，本节视频课程播放时长约为 1 分 7 秒。

配套素材路径：配套素材\第4章
素材文件名称：制作望远镜动画素材.aep

第1步 打开本例的素材文件"制作望远镜动画素材 .aep",加载合成,在【时间轴】面板中右击,在弹出的快捷菜单中选择【新建】→【纯色】菜单项,如图 4-38 所示。

第2步 在弹出的【纯色设置】对话框中,**1.** 设置名称为"黑色",**2.** 设置【宽度】和【高度】分别为 1000 像素和 707 像素,**3.** 设置【颜色】为黑色(R:0,G:0,B:0),**4.** 单击【确定】按钮,如图 4-39 所示。

图 4-38

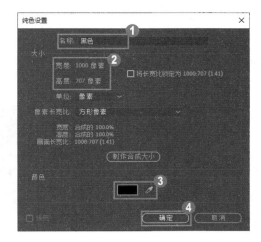

图 4-39

第3步 在工具栏中选择【椭圆工具】,然后在【黑色】图层上绘制两个相交的正圆遮罩(按住键盘上的 Shift 键进行绘制),如图 4-40 所示。

第4步 在【时间轴】面板中,打开【黑色】图层的【蒙版】属性,设置【蒙版 1】和【蒙版 2】的【模式】为"相减",如图 4-41所示。

图 4-40

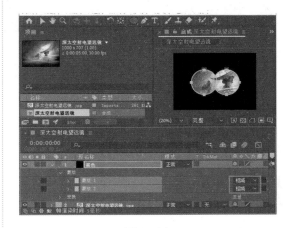

图 4-41

第5步 在【时间轴】面板中，将时间指示器移动到 0 秒处，为【黑色】图层和【深太空射电望远镜 .jpg】图层分别开启自动关键帧，设置【不透明度】参数为 0%，如图 4-42 所示。

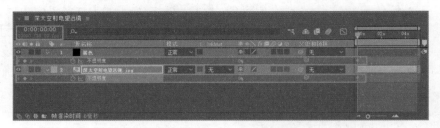

图 4-42

第6步 在【时间轴】面板中，将时间指示器移动到 4 秒 20 帧处，为【黑色】图层和【深太空射电望远镜 .jpg】图层添加关键帧，设置【不透明度】参数为 100%，如图 4-43 所示。

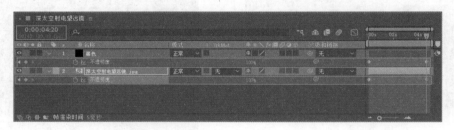

图 4-43

第7步 拖动时间指示器即可查看最终制作的望远镜动画效果，如图 4-44 所示。

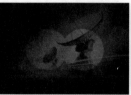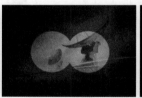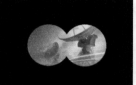

图 4-44

4.3　遮罩动画效果

遮罩是一种特殊的蒙版类型，它可以将一个图层的 Alpha 通道信息或亮度信息作为另一个图层的透明度信息，完成建立图像透明区域或限制图像局部显示的工作。

4.3.1　创建遮罩

遮罩是通过其他图层来影响本图层不透明度的，所以创建遮罩需要被修改的图层和遮罩图层共两个图层。当一个图层上有其他图层时，可以在【轨道遮罩】属性列（TrkMat）将位于其上一层的图层设置为遮罩，如图 4-45 所示。

图 4-45

选择轨道遮罩子菜单中的任意一个菜单项即可创建遮罩，这时在本图层的名称前会出现图标，而遮罩图层的名称前则会出现图标，表示两个图层分别为被遮罩图层和遮罩图层。如设置洋红色图层的轨道遮罩模式为 Alpha，这时洋红色图层会根据蓝色图层的透明度来显示，原本是背景的洋红色图层变成了椭圆形状，而现在的背景则显示为黑色（合成的底色），同时还可以看到蓝色图层前的眼睛图标不再显示，如图 4-46 所示。

图 4-46

4.3.2 遮罩类型

当一个图层作为遮罩时，它是通过该图层的不透明度或亮度决定对被遮罩图层的影响程度，也被叫作轨道遮罩，包括 Alpha 类遮罩和亮度类遮罩。

1. Alpha 类遮罩

Alpha 类遮罩读取的是遮罩层的不透明度信息，包括【Alpha 遮罩】和【Alpha 反转遮罩】。选择【Alpha 遮罩】，遮罩图层的 Alpha 通道值为 100% 时被遮罩图层不透明，Alpha 通道值为 0% 时被遮罩图层全透明；选择【Alpha 反转遮罩】则正好相反，遮罩图层的 Aplha 通道值为 0% 时被遮罩图层不透明，Alpha 通道值为 100% 时被遮罩图层全透明，效果如图 4-47 所示。

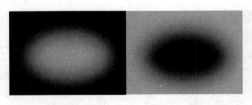

Alpha 遮罩　　　　Alpha 反转遮罩

图 4-47

由此可见，遮罩层的不透明度和图像的透显程度成正比的关系，不透明度值越高，显示的内容就越清晰，用户也可以理解为遮罩层的透明度越低（最低为 0%），显示的内容就越清晰。

2. 亮度类遮罩

与 Alpha 类遮罩不同，亮度类遮罩读取的是遮罩层的亮度（明度）信息，即白色部分（亮度为 255）的透显程度最高，此时图片最清晰；黑色部分（亮度为 0）的透显程度最低，此时图片完全不显示；灰色部分（亮度为 255/2=127.5）的透显程度为原图的一半，介于前两者之间，也就是说，遮罩层的亮度值越大，显示出的图片就越亮、越清晰，反之就越暗，效果如图 4-48 所示。

图 4-48

亮度类遮罩包括【亮度】遮罩和【亮度反转】遮罩。选择【亮度】遮罩，遮罩图层的亮度值为 100%（最大）时被遮罩图层不透明，亮度值为 0%（最小）时被遮罩图层全透明；【亮度反转】遮罩与之相反，遮罩图层的亮度值为 0% 时被遮罩图层为不透明，遮罩图层亮度值为 100% 时被遮罩图层为全透明，效果如图 4-49 所示。

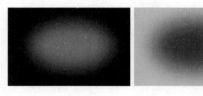

亮度遮罩　　　　　　亮度反转遮罩

图 4-49

 **知识拓展**

　　使用"跟踪遮罩"时，蒙版图层必须位于最终显示图层的上一图层，并且应用了轨道遮罩后，将关闭蒙版图层的可视性。另外，在移动图层顺序时，一定要将蒙版图层和最终显示的图层一起移动。

4.3.3 实战——制作更换窗外风景动画

　　　　　本例首先使用【钢笔工具】 ✎ 绘制一个遮罩，接下来设置【窗.jpg】图层蒙版属性，最后为【风景.jpg】素材图层设置【位置】和【缩放】关键帧，从而完成更换窗外风景动画的制作。

　　　　　<< 扫码获取配套视频课程，本节视频课程播放时长约为 1 分 25 秒。

 配套素材路径：配套素材\第4章
　　素材文件名称：窗.jpg、风景.jpg

操作步骤　　　　　　　　　　　　　　　　　　　Step by Step

第1步 1. 在【项目】面板中右击，2. 在弹出的快捷菜单中选择【新建合成】菜单项，如图 4-50 所示。

第2步 在弹出的【合成设置】对话框中，1. 设置【合成名称】为"合成 1"，2. 设置【宽度】和【高度】分别为 1024px 和 768px，3. 设置【帧速率】为 25 帧 / 秒，4. 设置【持续时间】为 5 秒，5. 单击【确定】按钮，如图 4-51 所示。

图 4-50

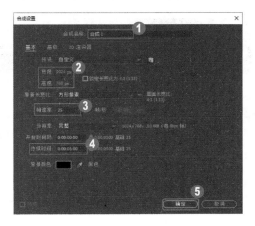

图 4-51

第3步 在【项目】面板空白处双击，在弹出的对话框中，*1.* 选择"窗 .jpg""风景 .jpg"，*2.* 单击【导入】按钮，如图 4-52 所示。

图 4-52

第5步 此时拖动时间指示器可以查看到效果，如图 4-54 所示。

图 4-54

第7步 打开【窗 .jpg】图层下的【蒙版 1】属性，设置【模式】为"相减"，如图 4-56 所示。

第4步 将【项目】面板中的素材文件"窗 .jpg"拖曳到【时间轴】面板中，设置【缩放】参数为（64,64%），如图 4-53 所示。

图 4-53

第6步 选择【钢笔工具】，参照窗口的边缘绘制一个遮罩，如图 4-55 所示。

图 4-55

第8步 将【项目】面板中的"风景 .jpg"素材文件拖曳到【时间轴】面板底部，拖动时间指示器到 0 秒处，添加【位置】和【缩放】关键帧，如图 4-57 所示。

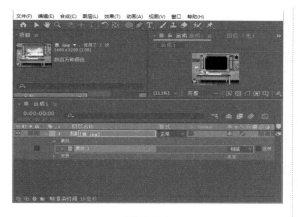

图 4-56 图 4-57

第9步 拖动时间指示器到 4 秒 20 帧处，设置【位置】参数为（527,241）、【缩放】参数为 45%，如图 4-58 所示。

图 4-58

第10步 拖动时间指示器即可查看最终制作的更换窗外风景动画效果，如图 4-59 所示。

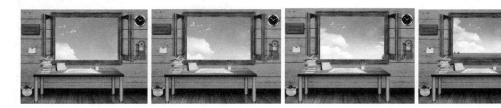

图 4-59

4.4 实战案例与应用

本节将通过一些范例应用，如制作房屋朦胧动画、制作滑动平板动画、制作动态车窗风景动画、制作时钟分屏动画等，练习上机操作，以达到对蒙版和遮罩动画巩固学习、拓展提高的目的。

4.4.1 制作房屋朦胧动画

本例将使用【椭圆工具】 绘制出一个椭圆遮罩，然后开启并设置【蒙版羽化】关键帧，从而完成房屋朦胧的动画效果，下面详细介绍其操作方法。

<<扫码获取配套视频课程，本节视频课程播放时长约为 38 秒。

配套素材路径：配套素材\第4章

素材文件名称：制作房屋朦胧素材.aep

操作步骤 Step by Step

第 1 步 打开本例的素材文件"制作房屋朦胧素材.aep"，加载合成。在工具栏中选择【椭圆工具】 ，在【白色】图层上绘制出一个椭圆蒙版，将【蒙版 1】的【模式】设置为"相减"，如图 4-60 所示。

第 2 步 打开【白色】图层下的蒙版属性，将时间指示器移动到起始帧位置处，开启【蒙版羽化】自动关键帧，设置其参数为 0 像素；将时间指示器移动到结束帧位置处，设置【蒙版羽化】参数为 250 像素，如图 4-61 所示。

图 4-60

图 4-61

第 3 步 拖动时间指示器即可查看最终的房屋朦胧动画效果，如图 4-62 所示。

图 4-62

4.4.2 制作滑动平板动画

本例首先将平板动画中的图像排列，然后进行预合成，接着设置其轨道遮罩模式，并设置合成以及自动关键帧，从而完成滑动平板动画效果，下面详细介绍其操作方法。

<< 扫码获取配套视频课程，本节视频课程播放时长约为 1 分 54 秒。

 配套素材路径：配套素材\第4章

素材文件名称：滑动平板动画素材.aep

操作步骤 Step by Step

第1步 打开本例的素材文件"滑动平板动画素材 .aep"，加载【平板屏幕】合成，单击【春分 .png】、【秋分 .png】、【冬至 .png】图层左侧的【独奏】按钮，激活 3 个图层的【独奏】属性，在【合成】面板中只显示这 3 个图层，如图 4-63 所示。

第2步 在【合成】面板中将这 3 个图片相邻排列，图片之间可以有少许重叠，但是不要出现空隙，效果如图 4-64 所示。

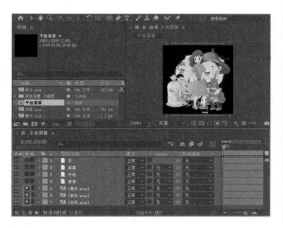

图 4-63

图 4-64

第3步 取消选择这 3 个图层的【独奏】属性，然后选中这 3 个图层并右击，在弹出的快捷菜单中选择【预合成】菜单项，将其合并到一个预合成中，如图 4-65 所示。

第4步 将【预合成 1】移动到【屏幕】图层的下一层，并设置【轨道遮罩】模式为"Alpha 遮罩"，如图 4-66 所示。

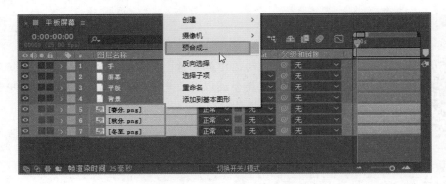

图 4-65

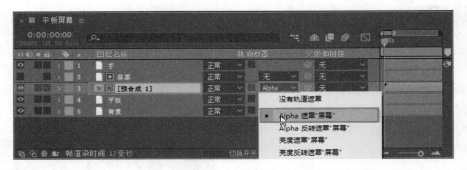

图 4-66

第 5 步 双击【预合成 1】图层，然后选择【合成】
→【合成设置】菜单项，如图 4-67 所示。

第 6 步 弹出【合成设置】对话框，设置【宽度】
为 6000px，单击【确定】按钮，如图 4-68 所示。

图 4-67

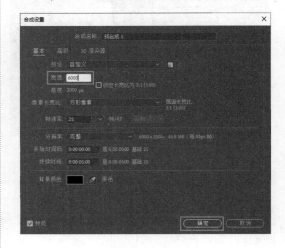

图 4-68

第 7 步 此时，在【合成】面板中可以看到的效果如图 4-69 所示。

图 4-69

第8步 切换到【平板屏幕】合成中，选中【预合成1】，按P键调出【位置】属性，并开启其自动关键帧，将时间指示器移动到第0秒处，设置【位置】参数为（2283,1183），如图 4-70 所示。

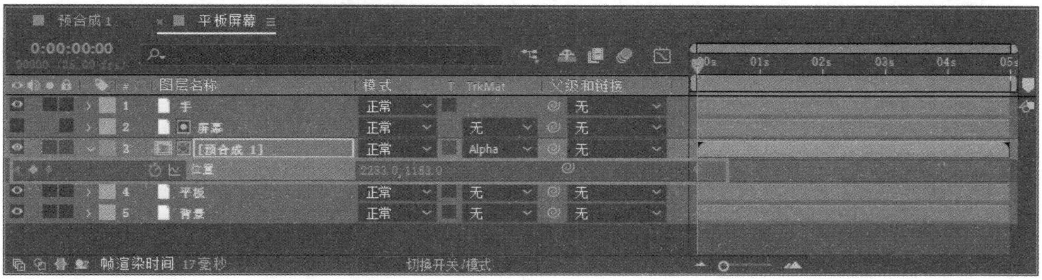

图 4-70

第9步 将时间指示器移动到第4秒位置处，设置【位置】参数为（-363,1008），如图 4-71 所示。

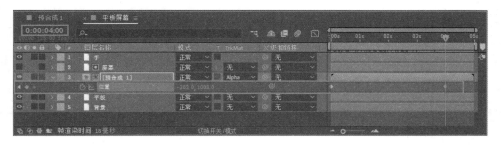

图 4-71

第10步 制作手部动画，使手部出现向左滑动的动作。选中【手】图层，按P键调出【位置】属性。将时间指示器移动到起始帧位置,并开启【手】图层下【位置】属性的自动关键帧，如图 4-72 所示。

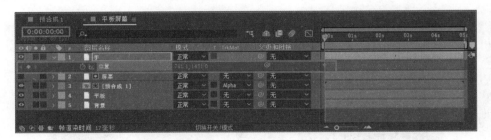

图 4-72

第11步 将时间指示器移动到第 10 帧处，设置【位置】参数为（240,2000），如图 4-73 所示。

图 4-73

第12步 拖动时间指示器即可查看最终的滑动平板动画效果，如图 4-74 所示。

图 4-74

4.4.3 制作动态车窗风景动画

　　本例首先设置轨道遮罩模式，然后设置图层【位置】属性的自动关键帧，从而完成动态车窗风景动画效果。

《《扫码获取配套视频课程，本节视频课程播放时长约为 40 秒。

配套素材路径：配套素材\第4章

素材文件名称：动态车窗风景动画.aep

操作步骤　　　　　　　　　　　　　　　　　　　　　Step by Step

第1步 打开本例的素材文件"动态车窗风景动画 .aep",加载【车厢】合成,选中【风景1.jpg】图层,设置【轨道遮罩】模式为"Alpha遮罩",如图 4-75 所示。

第2步 选中【风景 1.jpg】图层,按 P 键调出【位置】属性,将时间指示器移动到第 0 秒位置处,开启【风景 1.jpg】图层下【位置】属性的自动关键帧;将时间指示器移动到第 4 秒位置处,设置【位置】参数为(42,810),如图 4-76 所示。

图 4-75

图 4-76

第3步 拖动时间指示器即可查看最终的动态车窗风景动画效果,如图 4-77 所示。

图 4-77

4.4.4 制作网购宣传转场动画

本例首先使用【钢笔工具】绘制一条蒙版路径,然后创建图层副本设置叠加模式,最后设置关键帧动画,从而完成网购宣传转场动画效果。

《《扫码获取配套视频课程,本节视频课程播放时长约为 1 分 38 秒。

配套素材路径：配套素材\第4章

素材文件名称：制作网购宣传转场动画素材.aep

操作步骤 Step by Step

第1步 打开本例的素材文件"制作网购宣传转场动画素材.aep"，加载【购物】合成。选中【双 11.ai】图层，使用【钢笔工具】沿Logo 的外边缘绘制一条蒙版路径。在边缘的圆角处尽量设置更多的蒙版路径锚点，以便调整控制柄，使蒙版路径尽可能贴合 Logo，如图 4-78 所示。

第2步 选中【双 11.ai】图层，按快捷键Ctrl+D 创建一个副本，然后选中副本，按回车键将其重命名为"双 11 副本 .ai"，如图 4-79 所示。

图 4-78

图 4-79

第3步 选中【双 11.ai】图层，按 M 键调出【蒙版】属性，将【蒙版 1】的【模式】设置为"相减"，如图 4-80 所示。

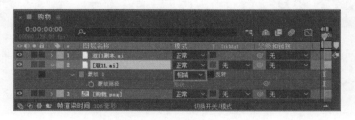

图 4-80

第4步 选中【双 11.ai】图层及其副本，按 S 键调出【缩放】属性，并开启其自动关键帧，系统会自动同时激活两个图层【缩放】属性的关键帧，如图 4-81 所示。

第5步 将时间指示器移动到第 2 秒处，同时选中【双 11.ai】图层及其副本，设置任意一个【缩放】参数为（100%,100%），如图 4-82 所示。

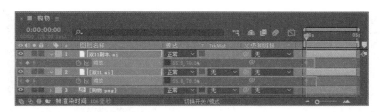

图 4-81

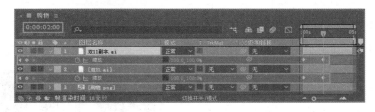

图 4-82

第 6 步 将时间指示器移动到第 15 帧处，设置【双 11 副本 .ai】图层的【蒙版不透明度】参数为 100%，并开启其自动关键帧，如图 4-83 所示。

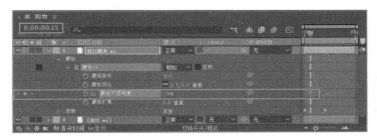

图 4-83

第 7 步 将时间指示器移动到第 1 秒处，设置【蒙版不透明度】参数为 0%，如图 4-84 所示。

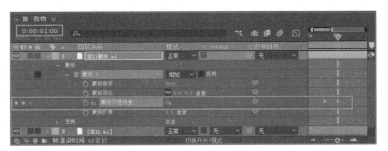

图 4-84

第 8 步 将时间指示器移动到第 2 秒处，选中【双 11.ai】图层，设置【缩放】参数为
(100%,192%)，如图 4-85 所示。

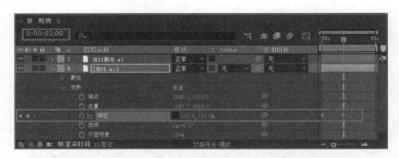

图 4-85

第9步 拖动时间指示器即可查看最终的网购宣传转场动画效果，如图 4-86 所示。

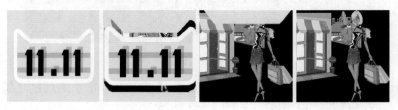

图 4-86

4.4.5 制作时钟分屏动画

本例首先设置轨道遮罩模式，然后设置图层【位置】属性的自动关键帧，从而完成时钟分屏动画效果，下面详细介绍其操作方法。

《《 扫码获取配套视频课程，本节视频课程播放时长约为 45 秒。

配套素材路径：配套素材\第4章
素材文件名称：时钟分屏动画素材.aep

操作步骤   Step by Step

第1步 打开本例的素材文件"时钟分屏动画素材.aep"，加载【时钟分屏】合成。选中【遮罩.png】图层，按R键调出【旋转】属性，将时间指示器移动到第0秒处，开启【旋转】属性的自动关键帧，如图 4-87 所示。

第2步 将时间指示器移动到第4秒处，设置【遮罩.png】图层的【旋转】参数为0x+300°，如图 4-88 所示。

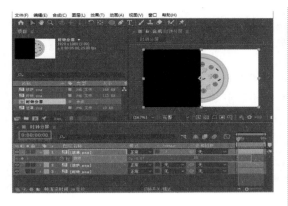

图 4-87

图 4-88

【第 3 步】 选中【遮罩 .png】图层下所有【旋转】属性的关键帧，按 F9 键，将其转换为缓动关键帧，如图 4-89 所示。

图 4-89

【第 4 步】 选中【披萨 .png】图层，设置其【轨道遮罩】为"Alpha 遮罩"，如图 4-90 所示。

图 4-90

【第 5 步】 拖动时间指示器即可查看制作的时钟分屏动画效果，如图 4-91 所示。

图 4-91

4.5　思考与练习

一、填空题

1. 使用 _____ 时，需要在图层中添加一个圆形的蒙版路径，但只需要一个图层就可以实现效果。使用 _____ 时，则需要一个额外的圆形遮罩图层，通过两个图层联合实现效果。

2. 在 After Effects 中，蒙版是一种 _____，是通过修改图层的属性来实现一些 _____ 类的效果。

3. 遮罩即用来遮挡、遮盖的工具，它的作用是通过 _____ 部分图像内容来显示特定区域的图像内容，相当于一个窗口。

4. 当一个图层具有多个蒙版时，可以通过选择各种混合模式，使蒙版之间产生叠加效果。选中目标图层后，按 _____ 键调出【蒙版】属性，在蒙版的【模式】栏内可以更改对应蒙版的混合模式。

5. 蒙版的混合模式有【无】、【相加】、【相减】、【交集】、【变亮】、【变暗】和【差值】共 7 种，在默认情况下，所有蒙版的混合模式均为 _____。

6. 在【时间轴】面板中连续 _____ 可以展开蒙版的所有属性。

二、判断题

1. 蒙版和遮罩的功能十分相近，均是通过改变图层的 Alpha 通道值来确定目标图层中每个像素的透明度，从而达到控制图层显示范围的目的，制作出酷炫的动画效果。　（　　　）

2. 尽管蒙版和遮罩实现的效果类似，但蒙版是一类属性，而遮罩是作为一个单独的图层存在的，并且通常是上一个图层对下一个图层的遮挡关系。　（　　　）

3. 遮罩效果不需要依靠其他图层来实现。遮罩图层既可以是一个形状图层或图片素材，又可以是一个视频素材，如通过调整另外一个图层的亮度（或某个通道的值）来修改本图层的不透明度。　（　　　）

4. 蒙版和图层一样具有【不透明度】属性。【蒙版不透明度】代表蒙版对图层的影响程度，蒙版只影响【蒙版不透明度】大于 100% 时所对应的图层，【蒙版不透明度】越大则对图层的影响越大。　（　　　）

三、简答题

1. 如何使用多种方法创建蒙版？
2. 如何修改形状？

第 5 章

表达式动画

本章主要介绍表达式概述、表达式语法、常用表达式、函数菜单等方面的知识与技巧，在本章的最后还针对实际的工作需求，讲解一些使用表达式制作动画的案例。通过对本章内容的学习，读者可以掌握表达式动画方面的知识，为深入学习 MG 动画设计与制作知识奠定基础。

5.1　表达式概述

After Effects 软件具备一个强大的功能——表达式。表达式是由数字、算符、数字分组符号（括号）、自由变量和约束变量等组成的，以能求得数值的有意义排列方法所得的组合。在 After Effects 中，表达式是基于 JavaScript 和欧洲计算机制作商联合会制定的 ECMA-Script 规范，具备了从简单到复杂的多种动画功能，甚至还可以使用强大的函数功能来控制动画效果。与传统的关键帧动画相比，表达式动画具有更大的灵活性，既可独立地控制单个动画属性，又可以同时控制多个动画属性。

5.1.1　添加和编辑表达式

在 After Effects 软件中，表达式在整个合成中的应用非常广泛，它最为强大的地方是可以在不同的属性之间彼此建立链接关系，这为用户的合成工作提供了非常大的运用空间，大大提高了工作效率。

1. 如何添加表达式

在图层面板选择需要添加表达式的图层，按住 Alt 键，同时单击需要添加表达式的属性前面的【时间变化秒表】按钮，如图 5-1 所示。此外，还可以通过在【动画】菜单中选择【添加表达式】命令，或者按快捷键 Alt+Shift+= 来添加表达式。

图 5-1

📝 知识拓展：移除表达式

需要移除所选择的表达式时，可以在【动画】菜单选择【移除表达式】命令，或直接单击添加了表达式的属性前的【时间变化秒表】按钮即可。

表达式面板如图 5-2 所示。

图 5-2

表达式面板中有 4 个按钮，其功能如下。

- 启用表达式：可以切换表达式开启和关闭状态。如果不需要效果显示，可以暂时禁用表达式。
- 显示表达式图表：激活该按钮，可以方便地看到表达式的数据变化情况，但同时计算机的处理负荷会增大。
- 表达式关联器：通过该按钮可以实现图层之间的表达式链接。
- 表达式语言菜单：可在展开的函数菜单中查找到一些常用的表达式。

为图层添加表达式后，表达式面板右侧会出现一个表达式输入框。可以选择在表达式输入框中手动输入表达式，如图 5-3 所示。

图 5-3

或者通过图层之间的链接来创建表达式，如图 5-4 所示。

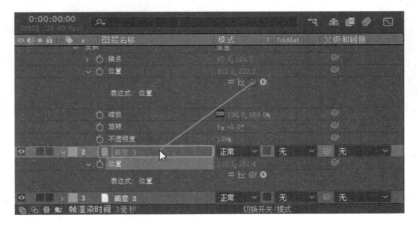

图 5-4

📝 知识拓展

　　当表达式链接不成立或输入的表达式不能被系统执行时，After Effects 软件会自动报告错误，且自动终止表达式的运行，同时窗口会出现警示图标⚠️。

---

2. 编辑表达式

　　在 After Effects 中，用户可以在表达式输入框中手动输入表达式，也可以使用函数菜单来完整地输入表达式，还可以使用表达式关联器或从其他表达式中复制表达式。编辑表达式的方法可大致分为以下 3 种。

　　（1）使用表达式关联器编辑表达式

　　使用表达式关联器可以将一个动画的属性关联到另一个动画的属性中，如图 5-5 所示。在一般情况下，新的表达式文本将自动插入表达式输入框中的光标位置之后；如果在表达式输入框中选择了文本，那么这些被选择的文本将被新的表达式文本所取代；如果表达式插入光标并没有在表达式输入框之内，那么整个表达式输入框中的所有文本都将被新的表达式文本所取代。

图 5-5

　　可以将【表达式关联器】按钮🔘拖曳到其他动画属性的名字或是数值上来关联动画属性。如果将【表达式关联器】按钮🔘拖曳到动画属性的名字上，那么在表达式输入框中显示的结果是将动画参数作为一个值出现。如果将【表达式关联器】按钮🔘拖曳到【位置】属性的 Y 轴数值上，那么表达式将调用【位置】动画属性的 Y 轴数值作为自身 X 轴和 Y 轴的数值。

📝 知识拓展

　　在一个合成中允许多个图层、遮罩和滤镜拥有相同的名字。例如，当在同一个图层中拥有两个名称相同的蒙版时，如果使用表达式关联器将其中一个蒙版的属性关联到其他的动画属性中，那么 After Effects 将自动以序号的方式对其进行标注，方便区分。

　　（2）手动编辑表达式

　　如果要在表达式输入框中手动输入或编辑表达式，可以按照以下步骤进行操作。

- 确定表达式输入框处于激活状态。
- 在表达式输入框中输入或编辑表达式，当然也可以根据实际情况结合函数菜单来输入或编辑表达式。
- 输入或编辑表达式完成后，可以按 Enter 键，或单击表达式输入框以外的区域来完成操作。

　　当激活表达式输入框后，在默认状态下，表达式输入框中所有表达式文本都将被选中，如果要在指定的位置输入表达式，可以将光标插入指定点之后。如果表达式输入框的大小不合适，可以拖曳表达式输入框的上下边框来扩大或缩小表达式输入框的大小。

　　（3）添加表达式注释

　　如果用户编写好了一个比较复杂的表达式，在以后的工作中就有可能调用这个表达式，这时可以为这个表达式进行文字注释，以便于辨识表达式。为表达式添加注释的方法主要有以下两种。

- 在注释语句的前面添加 // 符号。在同一行表达式中，任何处于 // 符号后面的语句都被认为是表达式的注释语句，在程序运行时，这些语句不会被编译运行。
- 在注释语句首尾添加 / * 和 * / 符号。在进行程序编译时，处于 / * 和 * / 之间的语句都不会运行。

📝 知识拓展

　　当书写好了一个表达式实例之后，如果想在以后的工作中调用这个表达式，这时可以将表达式复制粘贴到其他文本应用程序中进行保存，如文本文档和 Word 文档等。在编写表达式时，往往会在表达式内容中指定一些特定的合成和图层名字，在直接调用这些表达式时，系统会经常报错。如果在书写表达式之前，先写明变量的作用，这样在以后调用或修改表达式时就很方便了。

5.1.2 保存和调用表达式

　　在 After Effects 中可以将含有表达式的动画保存为动画预设，这样一来，在其他工程文件中就可以直接调用这些动画预设。如果在保存的动画预设中，动画属性仅包含表达式而没有任何关键帧，那么动画预设只保存表达式的信息；如果动画属性中包含一个或多个关键帧，那么动画预设将同时保存关键帧和表达式的信息。

在同一个合成项目中，可以复制动画属性的关键帧和表达式，然后将其粘贴到其他的动画属性中，当然也可以只复制属性中的表达式。

- 复制表达式和关键帧：如果要将一个动画属性中的表达式连同关键帧一起复制到其他的一个或多个动画属性中，这时可以在【时间轴】面板中选择源动画属性并进行复制，然后将其粘贴到其他的动画属性中。
- 只复制表达式：如果只想将一个动画属性中的表达式（不包括关键帧）复制到其他的一个或多个动画属性中，可以在【时间轴】面板中选择源动画属性，然后执行【编辑】→【只复制表达式】菜单命令，接着将其粘贴到选择的目标动画属性中。

5.1.3 表达式控制效果

如果在一个图层中应用了表达式控制效果，如图 5-6 所示，那么可以在其他的动画属性中调用该特效的滑块数值，这样就可以使用一个简单的控制效果来一次性影响其他的多个动画属性。

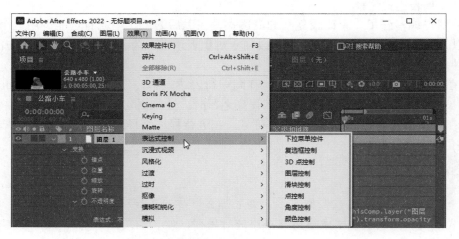

图 5-6

表达式控制效果包中的效果可以应用到任何图层中，但是最好应用到一个【空对象】图层中，因为这样可以将【空对象】图层作为一个简单的控制层，然后为其他图层的动画属性制作表达式，并将【空对象】图层中的控制数值作为其他图层动画属性的表达式参考。

5.2 表达式语法

在前面的内容中介绍了表达式的基本操作，本节将重点介绍表达式语法的相关知识。

5.2.1 表达式语言

After Effects 表达式语言基于 JavaScript 1.2，使用的是 JavaScript 1.2 的标准内核语言，并在其中内嵌诸如图层、合成、素材和摄像机之类的扩展对象，这样表达式就可以访问到 After Effects 项目中的绝大多数属性值。在输入表达式时需要注意以下 3 点。

- 在编写表达式时，一定要注意大小写，因为 JavaScript 程序语言要区分大小写。
- After Effects 表达式需要使用分号作为一条语言的分行。
- 单词之间多余的空格将被忽略（字符串中的空格除外）。

5.2.2 访问对象的属性和方法

使用表达式可以获取图层属性中的【属性】和【方法】。After Effects 表达式语法规定全局对象与次级对象之间必须以点号来进行分割，以说明物体之间的层级关系，同样目标与属性和方法之间也是使用点号来进行分割的。

知识拓展

在 After Effects 中，如果图层属性中带有 arguments（陈述）参数，则应该称该属性为"方法（method）"；如果图层属性没有带 arguments（陈述）参数，则应该称该属性为"属性（attribute）"。简单说来，属性就是事件，方法就是完成事件的途径；属性是名词，方法是动词。在一般情况下，在方法的前面通常有一个括号，用来提供一些额外的信息。

对于图层以下的级别（如效果、蒙版和文字动画组等），可以使用圆括号来进行分级。例如，要将 Layer A 图层中的【不透明度】属性使用表达式，链接到 Layer B 图层中的【高斯模糊】效果中的【模糊度】属性中，这时可以在 Layer A 图层的【不透明度】属性中编写出如下所示的表达式。

```
thisComp.layer("Layer B").effect("Gaussian Blur")("Blurriness")
```

在 After Effects 中，如果使用的对象属性是自身，那么可以在表达式中忽略对象的层级不进行书写，因为 After Effects 能够默认将当前的图层属性设置为表达式中的对象属性。例如，在图层的【位置 (Position)】属性中使用【wiggle()】表达式，可以使用"Wiggle(6,8)"或"Position. wiggle(6,8)"这两种编写方式。

在 After Effects 中，当前制作的表达式如果将其他图层或其他属性作为调用的对象属性，那么在表达式中就一定要书写对象信息以及属性信息。例如，为 Layer B 图层中的【不透明度】属性制作表达式，将 Layer A 中的【旋转 (Rotation)】属性作为链接的对象属性，这时可以编写出如下所示的表达式。

```
thisComp.layer("Layer A").rotation
```

5.2.3 数组与维数

数组是一种按顺序存储一系列参数的特殊对象，它使用英文输入法状态中的逗号来分割多个参数列表，并且使用 [] 符号将参数列表首尾包括起来，如 [10,23]。

在实际工作中，为了方便，也可以为数组赋予一个变量，以便于以后调用，如下所示。

```
myArray=[10,23]
```

在 After Effects 中，数组概念中的数组维数就是该数组中包含的参数个数，如上面提到的 myArray 数组就是二维数组。在 After Effects 中，如果某属性含有一个以上的变量，那么该属性就可以成为数组。表 5-1 所示是一些常见的维数及其属性。

表 5-1 常见维数及其属性

维 数	属 性
一维	旋转° 不透明度 %
二维	缩放 [x= 宽度 ,y= 高度] 位置 [x,y] 锚点 [x,y] 音频水平 [left,right]
三维	3D 缩放 [width,height,depth] 3D 位置 [x,y,z] 3D 锚点 [x,y,z] 方向 [x,y,z]
四维	颜色 [red,green,blue,alpha]

数组中的某个具体属性可以通过索引数来调用，数组中的第 1 个索引数从 0 开始，例如，在上面的 myArray=[10,23] 表达式中，myArray[0] 表示的是数字 10，myArray[1] 表示的是数字 23。在数组中也可以调用数组的值，那么 "[myArray[0],5]" 与 "[10,5]" 这两个数组的写法所代表的意思就是一样的。

在三维图层的【位置（Position）】属性中，通过索引数可以调用某个具体轴向的数据。

• Position[0]：表示 X 轴信息。
• Position[1]：表示 Y 轴信息。
• Position[2]：表示 Z 轴信息。

【颜色（Color）】属性是一个四维数值的数组 [red, green, blue, alpha]，对于一个 8bit 颜色深度或 16bit 颜色深度的项目来说，在颜色数组中每个值的范围都在 0 ～ 1 之间，其中 0

表示黑色，1 表示白色，所以 [0,0,0,0] 表示黑色，并且是完全不透明，而 [1,1,1,1] 表示白色，并且是完全透明。在 32bit 颜色深度的项目中，颜色数组中值的取值范围可以低于 0，也可以高于 1。

📖✍ 知识拓展

　　如果索引数超过了数组本身的维度，那么 After Effects 将会出现错误提示。

　　在引用某些属性和方法时，After Effects 会自动以数组的方式返回其参数值，如"thisLayer.position"表达式所示，该语句会自动返回一个二维或三维的数组，具体要看这个图层是二维图层还是三维图层。

　　对于某个位置属性的数组，需要固定其中的一个数值，让另一个数值随其他属性进行变动，这时可以将表达式书写成以下形式。

```
y=thisComp.layer("LayerA").position[1]  [50, y]
```

　　如果要分别与几个图层绑定属性，并且要将当前图层的 X 轴位置属性与图层 A 的 X 轴位置属性建立关联关系，还要将当前图层的 Y 轴位置属性与图层 B 的 Y 轴位置属性建立关联关系，这时可以使用如下所示表达式。

```
x=thisComp.layer("LayerA").position[0];
y=thisComp.layer("LayerB").position[1];
[x, y]
```

　　如果当前图层属性只有一个数值，而与之建立关联的属性是一个二维或三维的数组，那么在默认情况下只与第 1 个数值建立关联关系。例如，将图层 A 的【旋转（Rotation）】属性与图层 B 的【缩放（Scale）】属性建立关联关系，则默认的表达式应该是如下所示的语句。

```
thisComp.layer("LayerB").scale[0]
```

　　如果需要与第 2 个数值建立关联关系，可以将表达式关联器从图层 A 的【旋转（Rotation）】属性直接拖曳到图层 B 的【缩放（Scale）】属性的第 2 个数值上（不是拖曳到缩放属性的名称上），此时在表达式输入框中显示的表达式应该是如下所示的语句。

```
thisComp.layer("LayerB").scale[1]
```

　　反过来，如果要将图层 B 的【缩放（Scale）】属性与图层 A 的【旋转（Rotation）】属性建立关联关系，则缩放属性的表达式将自动创建一个临时变量，将图层 A 的旋转属性的一维数值赋予这个变量，然后将这个变量同时赋予图层 B 的缩放属性的两个值，此时在表达式输入框中显示的表达式应是如下所示的语句。

```
Temp=thisComp.layer(1).transform.rotation;
[temp, temp]
```

5.2.4　向量与索引

向量是带有方向性的一个变量或是描述空间中的点的变量。在 After Effects 中，很多属性和方法都是向量数据，如最常用的【位置】属性值就是一个向量。

当然并不是拥有两个以上值的数值就一定是向量，例如，audioLevels 虽然也是一个二维数组，返回两个数值（左声道和右声道强度值），但是它并不能称为向量，因为这两个值并不带有任何运动方向性，也不代表某个空间的位置。

在 After Effects 中，有很多的方法都与向量有关，它们被归纳到向量数学表达式的函数菜单中。例如，lookAt(fromPoint, atPoint)，其中 fromPoint 和 atPoint 就是两个向量。通过 lookAt(fromPoint, atPoint) 方法，可以轻松地让摄像机或灯光盯紧整个图层的动画。

📓 知识拓展

在通常情况下，建议用户在书写表达式时最好使用图层名称、效果名称和蒙版名称来进行引用，这样比使用数字序号来引用要方便很多，并且可以避免混乱和错误。因为一旦图层、效果或蒙版被移动了位置，表达式原来使用的数字序号就会发生改变，此时就会导致表达式的引用发生错误。

5.2.5　表达式时间

表达式中使用的时间指的是合成的时间，而不是指图层时间，其单位是以秒来衡量的。默认的表达式时间是当前合成的时间，它是一种绝对时间，如下所示的两个合成都是使用默认的合成时间并返回一样的时间值。

```
thisComp.layer(1).position
thisComp.layer(1).position.valueAtTime(time)
```

如果要使用相对时间，只需要在当前的时间参数上增加一个时间增量。例如，要使时间比当前时间提前 5 秒，可以使用如下表达式。

```
thisComp.layer(1).position.valueAtTime(time-5)
```

合成中的时间在经过嵌套后，表达式中默认的还是使用之前的合成时间值，而不是被嵌套后的合成时间值。需要注意的是，当在新的合成中将被嵌套合成图层作为源图层时，获得的时间值为当前合成的时间。例如，如果源图层是一个被嵌套的合成，并且在当前合成中这个源图层已经被剪辑过，用户可以使用表达式来获取被嵌套合成的"位置"属性的时间值，其时间值为被嵌套合成的默认时间值，可用如下表达式获取。

```
Comp("nested composition").layer(1).position
```

如果直接将源图层作为获取时间的依据，则最终获取的时间为当前合成的时间，可用如下表达式获取。

```
thisComp.layer("nested composition").source.layer(1).position
```

5.3 常用表达式

在实际的应用中，用户一般不会在表达式文本框中编写大段的代码，而是通过一些简单的表达式简化动画的制作过程，这就需要用户掌握一些在工作中常用的表达式。本节将详细介绍一些常用的表达式。

5.3.1 time（时间）

Time 是指第几秒。例如当时间为 1 秒时，time 的变量值为 1；当时间为 2 秒时，time 的变量值为 2。也就是说 time 的值随时间指示器位置的变化而变化。将【旋转】属性的表达式设置为 time*90，可以看到在时间指示器移动到第 0 秒和第 1 秒处时，表达式的结果分别为 0x+0° 和 0x+90° ，如图 5-7 和图 5-8 所示。

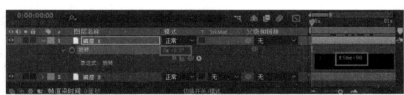

图 5-7

图 5-8

知识拓展

一般情况下，常用代表当前时间的 time 变量来快速制作一些和时间相关的动画效果，例如时钟的指针转动或者物体下落，这样省去了手动设置关键帧数值的操作过程。

5.3.2 index（索引）

Index 对应的是图层在合成中的顺序，例如当图层序号为 2 时，index 函数的变量值就为 2。每一个图层都有自己对应的序号，根据图层序号不同，用户可以为不同的图层做出不同的效果。将每个图层的【旋转】属性的表达式设置为 index*30，当图层的序号为 1、2、3 时，表达式的结果分别为 30°、60°、90°，如图 5-9 所示。

图 5-9

5.3.3　wiggle（摇摆）

函数 wiggle(freq, am, …) 是制作随机摆动效果的预置函数。函数 wiggle() 一般包含两个参数，分别为代表摆动频率（即 1 秒摆动多少次）的参数 freq 和代表摆动最大幅度的参数 amp。这种表达式常见于制作类似气泡的轻微摆动的效果，如图 5-10 所示。

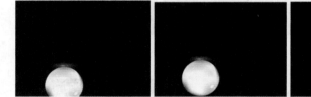

图 5-10

气泡只在水中进行竖直方向上的运动，所以只需要控制【位置】属性在 y 轴上的变量。按 P 键调出【彩色气泡 .png】图层的【位置】属性，右击并选择【单独尺寸】选项，拆分出【X 位置】和【Y 位置】两个属性。将时间指示器移动到第 3 秒处，激活【Y 位置】的关键帧，设置该属性值为 300，如图 5-11 所示。

图 5-11

将时间指示器移动到第 0 秒处，设置该属性值为 460，如图 5-12 所示。

图 5-12

气泡的摆动是左右摆动，也就是说需要激活【X 位置】属性的表达式，在表达式文本框中输入 wiggle(1,30)，为气泡添加一个缓慢且小幅度的摆动效果，如图 5-13 所示。

图 5-13

📓✏️ 知识拓展

用户可以将视频尺寸稍微放大一些，以减少因为抖动而导致的黑边现象。

5.3.4 random（随机数）

函数 random() 是产生随机数的预置函数。函数 random() 可以生成随时间变化的随机值，值的大小默认在 0 ～ 1 之间。常常搭配 + 运算和 * 运算，例如 random()+3 或者是 random()*5，以表示在一定范围内的随机数。random(200)+300 表示 300 ～ 500 范围内的随机值，如图 5-14 和图 5-15 所示。

图 5-14

图 5-15

5.3.5 loopOut（循环）

函数 loopOut() 是制作循环动画的预置函数。函数 loopOut() 需要结合关键帧使用，在不输入任何参数的情况下，函数 loopOut() 会循环已设置的所有关键帧。在图表编辑器中，实线部分为关键帧部分，虚线部分为函数 loopOut() 生成部分，可以看到函数 loopOut() 根据原有的关键帧自动生成了后续的属性值，如图 5-16 所示。

图 5-16

5.3.6 实战——制作信号灯循环变化动画

循环动画是 MG 动画中十分常见的一种类型。本例通过制作信号灯循环变化动画，让读者对循环动画原理有进一步的理解。本例的信号灯按绿、黄、红的顺序进行循环变化。

<< 扫码获取配套视频课程，本节视频课程播放时长约为 1 分 58 秒。

配套素材路径：配套素材\第5章
素材文件名称：信号灯循环变化素材.aep

操作步骤   Step by Step

第 1 步 打开本例的素材文件"信号灯循环变化素材 .aep"，制作在第 0 秒时只有绿灯亮。

选择【红灯 .png】、【黄灯 .png】和【绿灯 .png】图层，按 T 键调出这 3 个图层的【不透明度】属性，并设置【红灯 .png】、【黄灯 .png】和【绿灯 .png】图层的【不透明度】参数分别为 0%、0% 和 100%，然后开启它们的自动关键帧，如图 5-17 所示。

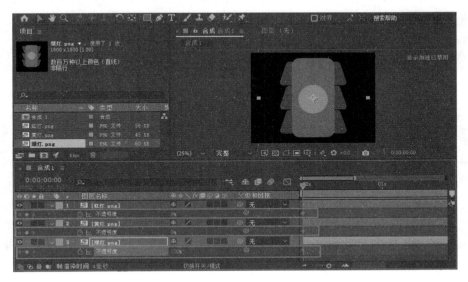

图 5-17

第 2 步　制作在第 1 秒时只有黄灯亮。将时间指示器移动到第 1 秒处，设置【红灯 .png】、【黄灯 .png】和【绿灯 .png】图层的【不透明度】参数分别为 0%、100% 和 0%，如图 5-18 所示。

图 5-18

第 3 步　制作在第 2 秒时只有红灯亮。将时间指示器移动到第 2 秒处，设置【红灯 .png】、【黄灯 .png】和【绿灯 .png】图层的【不透明度】参数分别为 100%、0% 和 0%，如图 5-19 所示。

第 4 步　从第 3 秒开始指示灯回到第 0 秒时的效果。选中【红灯 .png】图层在第 0 秒的【不透明度】关键帧，按快捷键 Ctrl+C 复制，将时间指示器移动到第 3 秒处，然后按快捷键 Ctrl+V 进行粘贴，接着对【黄灯 .png】和【绿灯 .png】图层进行相同的操作，如图 5-20 所示。

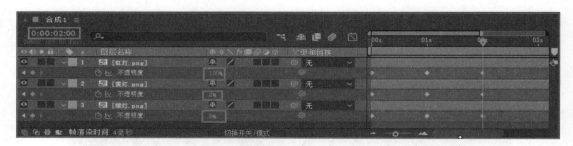

图 5-19

图 5-20

第 5 步 使用循环表达式使动画按顺序进行循环变化。选中【红灯 .png】图层，按住 Alt 键单击【不透明度】属性左侧的【时间变化秒表】按钮激活表达式，然后输入函数 loopOut()，接着对【黄灯 .png】和【绿灯 .png】图层进行相同的操作，如图 5-21 所示。

图 5-21

第 6 步 拖动时间指示器即可查看制作的信号灯循环变化动画效果，如图 5-22 所示。

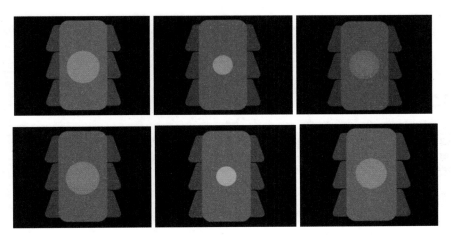

图 5-22

5.4 函数菜单

After Effects 为用户提供了一个函数菜单，用户可以直接调用里面的表达式，而不用自己输入。单击表达式面板中的【表达式语言菜单】按钮 ，可以打开函数菜单，如图 5-23 所示。本节将详细介绍函数菜单中部分常用表达式的相关知识。

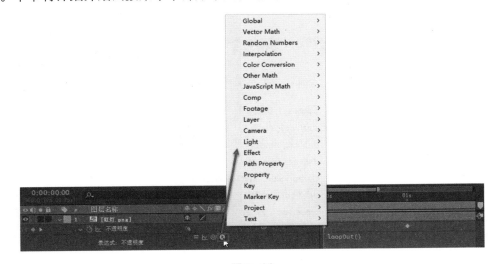

图 5-23

5.4.1 Global（全局）表达式

Global（全局）表达式用于指定表达式的全局设置，如图 5-24 所示。

```
comp(name)
footage(name)
thisComp
thisProject
time
colorDepth
posterizeTime(framesPerSecond)
timeToFrames(t = time + thisComp.displayStartTime, fps = 1.0 / thisComp.frameDuration, isDuration = false)
framesToTime(frames, fps = 1.0 / thisComp.frameDuration)
timeToTimecode(t = time + thisComp.displayStartTime, timecodeBase = 30, isDuration = false)
timeToNTSCTimecode(t = time + thisComp.displayStartTime, ntscDropFrame = false, isDuration = false)
timeToFeetAndFrames(t = time + thisComp.displayStartTime, fps = 1.0 / thisComp.frameDuration, framesPerFoot = 16, isDuration = false)
timeToCurrentFormat(t = time + thisComp.displayStartTime, fps = 1.0 / thisComp.frameDuration, isDuration = false, ntscDropFrame = thisComp.ntscDropFrame)
```

图 5-24

Global(全局) 表达式的主要参数说明如下。

- comp(name)：对合成进行重命名。
- footage(name)：对脚本标志进行重命名。
- thisComp：描述合成内容的表达式，如 thisComp.layer(3)，而 thisLayer 是对图层本身的描述，它是一个默认的对象，相当于当前层。
- time(时间)：描述合成的时间，单位为秒。
- colorDepth：返回 8 或 16 的彩色深度位数值。
- posterizeTime(framesPerSecond)：framesPerSecond 是一个数值，该表达式可以返回或改变帧速率，允许用这个表达式来设置比合成低的帧速率。

5.4.2 Vector Math（向量数学）表达式

Vector Math(向量数学) 表达式包含一些矢量运算的数学函数，如图 5-25 所示。

```
add(vec1, vec2)
sub(vec1, vec2)
mul(vec, amount)
div(vec, amount)
clamp(value, limit1, limit2)
dot(vec1, vec2)
cross(vec1, vec2)
normalize(vec)
length(vec)
length(point1, point2)
lookAt(fromPoint, atPoint)
```

图 5-25

Vector Math(向量数学) 表达式的参数说明如下。
- add(vec1,vec2)：(vec1,vec2) 是数组，用于将两个向量进行相加，返回的值为数组。

- sub(vec1,vec2)：(vec1,vec2) 是数组，用于将两个向量进行相减，返回的值为数组。
- mul(vec,amount)：vec 是数组，amount 是数，表示向量的每个元素被 amount 相乘，返回的值为数组。
- div(vec,amount)：vec 是数组，amount 是数，表示向量的每个元素被 amount 相除，返回的值为数组。
- clamp(value,limit1,limit2)：将 value 中每个元素的值限制在 limit1 ～ limit2 之间。
- dot(vec1,vec2)：(vec1,vec2) 是数组，用于返回点的乘积，结果为两个向量相乘。
- cross(vec1,vec2)：(vec1,vec2) 是数组，用于返回向量的交集。
- normalize(vec)：vec 是数组，用于格式化一个向量。
- length(vec)：vec 是数组，用于返回向量的长度。
- length(point1,point2)：(point1,point2) 是数组，用于返回两点间的距离。
- lookAt(fromPoint,atPoint)：fromPoint 的值为观察点的位置，atPoint 为想要指向的点的位置，这两个参数都是数组。返回值为三维数组，用于表示方向的属性，可以用在摄像机和灯光的方向属性上。

5.4.3 Random Numbers（随机数）表达式

Random Numbers(随机数) 表达式主要用于生成随机数值，如图 5-26 所示。

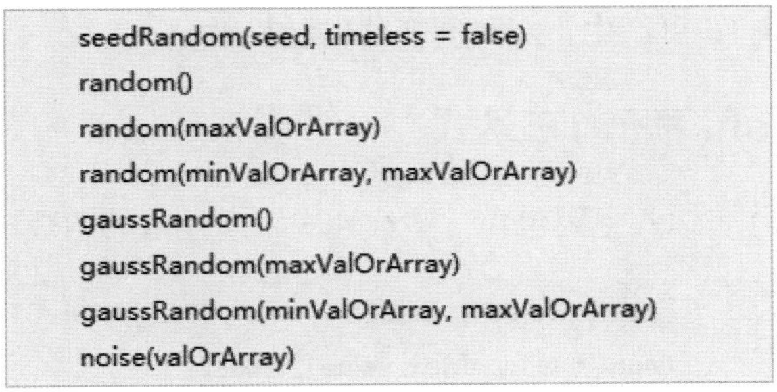

```
seedRandom(seed, timeless = false)
random()
random(maxValOrArray)
random(minValOrArray, maxValOrArray)
gaussRandom()
gaussRandom(maxValOrArray)
gaussRandom(minValOrArray, maxValOrArray)
noise(valOrArray)
```

图 5-26

Random Numbers(随机数) 表达式的参数说明如下。

- seedRandom(seed,timeless=false)：seed 是一个数，默认 timeless 为 false，取现有 seed 增量的一个随机值，这个随机值依赖于图层的 index(number) 和 stream(property)。但也有特殊情况，例如，seedRandom(n, true) 通过给第 2 个参数赋值 true，而 seedRandom 获取一个 0 ～ 1 之间的随机数。
- random()：返回 0 ～ 1 之间的随机数。
- random(maxValOrArray)：maxValOrArray 是一个数或数组，返回 0 ～ max Val 之间

的数，维度与 maxVal 相同，或者返回与 maxArray 相同维度的数组，数组的每个元素都在 0 ～ maxArray 之间。

- random(minValOrArray, maxValOrArray)：minValOrArray 和 maxValOrArray 是 一个数或数组，返回一个 minVal ～ maxVal 之间的数，或返回一个与 minArray 和 maxArray 有相同维度的数组，其每个元素的范围都在 minArray ～ maxArray 之间。例如，random([100,200], [300,400]) 返回数组的第 1 个值在 100 ～ 300 之间，第 2 个值在 200 ～ 400 之间，如果两个数组的维度不同，较短的一个后面会自动用 0 补齐。
- gaussRandom()：返回一个 0 ～ 1 之间的随机数，结果为钟形分布，大约 90% 的结果在 0 ～ 1 之间，剩余的 10% 在边缘。
- gaussRandom(maxValOrArray)：maxValOrArray 是一个数或数组，当使用 maxVal 时，它返回一个 0 ～ maxVal 之间的随机数，结果为钟形分布，大约 90% 的结果在 0 ～ maxVal 之间，剩余的 10% 在边缘；当使用 maxArray 时，它返回一个与 maxArray 相同维度的数组，结果为钟形分布，大约 90% 的结果在 0 ～ maxArray 之间，剩余的 10% 在边缘。
- gaussRandom(minValOrArray, maxValOrArray)：minValOrArray 和 maxValOrArray 是一个数或数组，当使用 minVal 和 maxVal 时，它返回一个 minVal ～ maxVal 之间的随机数，结果为钟形分布，大约 90% 的结果在 minVal ～ maxVal 之间，剩余的 10% 在边缘；当使用 minArray 和 maxArray 时，它返回一个与 minArray 和 maxArray 相同维度的数组，结果为钟形分布，大约 90% 的结果在 minArray ～ maxArray 之间，剩余的 10% 在边缘。
- noise(valOrArray)：可产生不随时间变化的随机数。

5.4.4　Interpolation(插值) 表达式

Interpolation(插值) 表达式主要包含一些线性或平滑差值的函数，如图 5-27 所示。

```
linear(t, value1, value2)
linear(t, tMin, tMax, value1, value2)
ease(t, value1, value2)
ease(t, tMin, tMax, value1, value2)
easeIn(t, value1, value2)
easeIn(t, tMin, tMax, value1, value2)
easeOut(t, value1, value2)
easeOut(t, tMin, tMax, value1, value2)
```

图 5-27

Interpolation(插值) 表达式的参数说明如下。

- linear(t, value1, value2)：t 是一个数，value1 和 value2 是一个数或数组。当 t 的范围在 0 ~ 1 之间时，返回一个 value1 ~ value2 之间的线性插值；当 t ≤ 0 时，返回 value 1；当 t ≥ 1 时，返回 value2。
- linear(t,tMin,tMax,value1,value2)：t, tMin 和 tMax 是数，value1 和 value2 是数或数组。当 t ≤ tMin 时，返回 value1；当 t ≥ tMax 时，返回 value2；当 tMin < t < tMax 时，返回 value1 和 value2 的线性联合。
- ease(t,value1,value2)：t 是一个数，value1 和 value2 是数或数组，返回值与 linear 相似，但在开始和结束点的速率都为 0，使用这种方法产生的动画效果非常平滑。
- ease(t,tMin,tMax,value1, value2)：t, tMin 和 tMax 是数，value1 和 value2 是数或数组，返回值与 linear 相似，但在开始和结束点的速率都为 0，使用这种方法产生的动画效果非常平滑。
- easeIn(t,value1,value2)：t 是一个数，value1 和 value2 是数或数组，返回值与 ease 相似，但只在切入点 value1 的速率为 0，靠近 value2 的一边是线性的。
- easeIn(t,tMin,tMax,value1,value2)：t, tMin 和 tMax 是一个数，value1 和 value2 是数或数组，返回值与 ease 相似，但只在切入点 tMin 的速率为 0，靠近 tMax 的一边是线性的。
- easeOut(t,value1,value2)：t 是一个数，value1 和 value2 是数或数组，返回值与 ease 相似，但只在切入点 value2 的速率为 0，靠近 value1 的一边是线性的。
- easeOut(t,tMin,tMax,value1,value2)：t, tMin 和 tMax 是数值，value1 和 value2 是数值或数组。类似于 ease，只不过切线仅在 tMax 一侧为 0 且插值在 tMin 一侧是线性的。

5.4.5 Color Conversion(颜色转换) 表达式

Color Conversion(颜色转换) 表达式主要提供了两种用于颜色格式转换的函数，如图 5-28 所示。

```
rgbToHsl(rgbaArray)
hslToRgb(hslaArray)
```

图 5-28

Color Conversion(颜色转换) 表达式的参数说明如下。

- rgbToHsl(rgbaArray)：rgbaArray 是数组 [4]，可以将 RGBA 彩色空间转换到 HSLA 彩色空间，输入数组指定红、绿、蓝以及透明的值，它们的范围都为 0 ~ 1，产生的结果值是一个指定色调、饱和度、亮度和透明度的数组，它们的范围也都为 0 ~ 1，如 rgbToHsl.effect("Change Color")("Color To Change")，返回的值为四维数组。
- hslToRgb(hslaArray)：hslaArray 是数组 [4]，可以将 HSLA 彩色空间转换到 RGBA 彩色空间，其操作与 rgbToHsl 相反，返回的值为四维数组。

5.4.6 Other Math（其他数学）表达式

Other Math（其他数学）表达式包含两个用于角度转换的函数，如图 5-29 所示。

degreesToRadians(degrees)

radiansToDegrees(radians)

图 5-29

Other Math（其他数学）表达式的参数说明如下。

- degreesToRadians(degrees)：将角度转换到弧度。
- radiansToDegrees(radians)：将弧度转换到角度。

5.4.7 JavaScript Math（脚本方法）表达式

JavaScript Math（脚本方法）表达式提供了一些常用的数学函数，这些函数的使用效果和用户在计算器上使用的效果一致，如图 5-30 所示。

JavaScript Math（脚本方法）表达式的参数说明如下。

- Math.cos(value)：value 为一个数值，可以计算 value 的余弦值。
- Math.acos(value)：计算 value 的反余弦值。
- Math.tan(value)：计算 value 的正切值。
- Math.atan(value)：计算 value 的反正切值。
- Math.atan2(y,x)：根据 y、x 的值计算出反正切值。
- Math.sin(value)：返回 value 值的正弦值。
- Math.sqrt(value)：返回 value 值的平方根值。
- Math.exp(value)：返回 e 的 value 次方值。
- Math.pow(value,exponent)：返回 value 的 exponent 次方值。
- Math.log(value)：返回 value 值的自然对数。
- Math.abs(value)：返回 value 值的绝对值。
- Math.round(value)：将 value 值四舍五入。
- Math.ceil(value)：将 value 值向上取整数。
- Math.floor(value)：将 value 值向下取整数。
- Math.min(value1,value2)：返回 value1 和 value2 这两个数值中最小的那个数值。
- Math.max(value1,value2)：返回 value1 和 value2 这两个数值中最大的那个数值。
- Math.PI：返回 π 的值。

Math.cos(value)
Math.acos(value)
Math.tan(value)
Math.atan(value)
Math.atan2(y, x)
Math.sin(value)
Math.sqrt(value)
Math.exp(value)
Math.pow(value, exponent)
Math.log(value)
Math.abs(value)
Math.round(value)
Math.ceil(value)
Math.floor(value)
Math.min(value1, value2)
Math.max(value1, value2)
Math.PI
Math.E
Math.LOG2E
Math.LOG10E
Math.LN2
Math.LN10
Math.SQRT2
Math.SQRT1_2

图 5-30

- Math.E：返回自然对数的底数。
- Math.LOG2E：返回以 2 为底的对数。
- Math.LOG10E：返回以 10 为底的对数。
- Math.LN2：返回以 2 为底的自然对数。
- Math.LN10：返回以 10 为底的自然对数。
- Math.SQRT2：返回 2 的平方根。
- Math.SQRT1_2：返回 10 的平方根。

5.4.8　Comp（合成）表达式

Comp（合成）表达式包含一些合成类的函数或属性，如图 5-31 所示。这些函数或属性必须接在代表合成的表达式后面才能正常作用。各函数或属性说明如下。

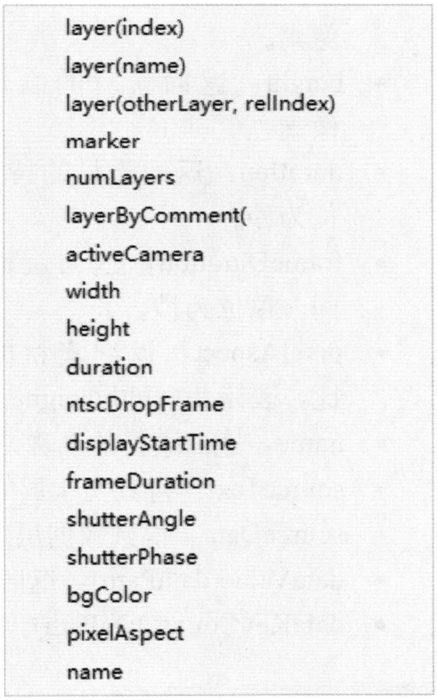

- layer(index)：index 是一个数，得到图层的序数（在时间指示器窗口中的顺序），如 thisComp.layer(4) 或 thisComp.Light(2)。
- layer(name)：name 是一个字符串，返回图层的名称。指定的名称与图层名称会进行匹配操作，或在没有图层名时与源名进行匹配。如果存在重名，After Effects 将返回时间指示器窗口中的第一个图层，如 thisComp.layer(Solid1)。
- layer(otherLayer,relIndex)：otherLayer 是一个图层，relIndex 是一个数，返回 otherLayer(图层名)上面或下面 relIndex(数) 的一个图层。
- marker：marker 是一个数值，得到合成中一个标记点的时间。
- numLayers：返回合成中图层的数量。
- layerByComment：标记图层中的注释内容字段。
- activeCamera：从当前帧中的着色合成所经过的摄像机中获取数值，返回摄像机的数值。
- width：返回合成的宽度，单位为 pixels（像素）。
- height：返回合成的高度，单位为 pixels（像素）。
- duration：返回合成的持续时间值，单位为秒。
- ntscDropFrame：转换为表示 NTSC 时间码的字段。
- displayStartTime：返回显示的开始时间。
- frameDuration：返回画面的持续时间。
- shutterAngle：返回合成中快门角度的度数。

```
layer(index)
layer(name)
layer(otherLayer, relIndex)
marker
numLayers
layerByComment(
activeCamera
width
height
duration
ntscDropFrame
displayStartTime
frameDuration
shutterAngle
shutterPhase
bgColor
pixelAspect
name
```

图 5-31

- shutterPhase：返回合成中快门相位的度数。
- bgColor：返回合成背景的颜色。
- pixelAspect：返回合成中用 width/height 表示的 pixel（像素）宽高比。
- name：返回合成中的名称。

5.4.9 Footage（素材）

Footage（素材）表达式如图 5-32 所示。

Footage（素材）表达式的主要参数说明如下。

- width：返回素材的宽度，单位为像素。
- height：返回素材的高度，单位为像素。
- duration：返回素材的持续时间，单位为秒。
- frameDuration：返回画面的持续时间，单位为秒。
- pixelAspect：返回素材的像素宽高比，表示为 width/height。
- name：返回素材的名称，返回值为字符串。
- sourceText：得到文字层的文字字符串。
- sourceData：得到数据层的数字字符串。
- dataValue(dataPath)：返回数据源字段。
- dataKeyCount(dataPath)：返回数据源中的键字段。

```
width
height
duration
frameDuration
ntscDropFrame
pixelAspect
name
sourceText
sourceData
dataValue(dataPath)
dataKeyCount(dataPath)
dataKeyTimes(dataPath, t0 = startTime, t1 = endTime)
dataKeyValues(dataPath, t0 = startTime, t1 = endTime)
```

图 5-32

5.4.10 实战——使用表达式制作蝴蝶动画效果

本实例主要使用 JavaScript Mat 中的 sin 表达式来制作蝴蝶翅膀挥舞动画。通过对本实例的学习，读者可以深入理解表达式的运用。

<< 扫码获取配套视频课程，本节视频课程播放时长约为 1 分 55 秒。

配套素材路径：配套素材\第5章

素材文件名称：蝴蝶动画素材.aep

第1步 打开本例的素材文件"蝴蝶动画素材.aep",在【项目】面板中,加载【蝴蝶组】合成,然后在【时间轴】面板中,选择【翅膀_左】图层,接着在【合成】面板中,使用【向后平移（锚点）工具】，将【翅膀_左】图层的锚点移动到如图 5-33 所示的位置。

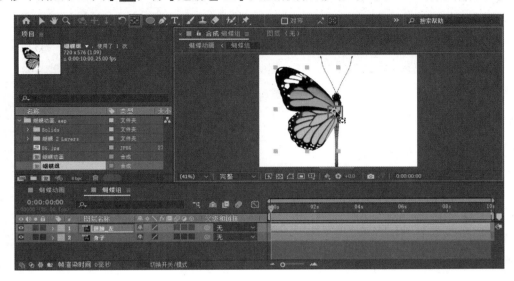

图 5-33

第2步 开启【身子】和【翅膀_左】图层的三维开关按钮,然后设置【翅膀_左】图层为【身子】图层的子物体,如图 5-34 所示。

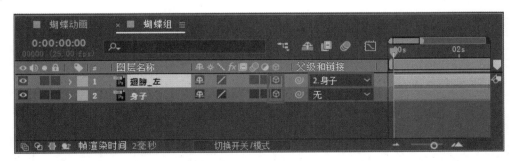

图 5-34

第3步 展开【翅膀_左】图层的属性,在【Y 轴旋转】的属性中添加如下所示的表达式,此时的【时间轴】面板如图 5-35 所示。

```
Math.sin(time*10)*wiggle(25,30)+50;
```

图 5-35

知识拓展

上述表达式中的 Math.sin(time*10) 是一个数学正弦公式，wiggle(25,30) 是正弦的振动幅度，Math.sin(time*10)*wiggle(25,30) 连起来的意思，就是让数值在 -30 ～ 30 之间来回振动，但最大幅度值是会发生变化的，变化范围为 25 ～ 30。Math.sin(time*10)*wiggle(25,30)+50; 是让数值以 50 为轴点发生数值震荡，总的数值变化范围为 20 ～ 80，也就是说蝴蝶翅膀的旋转幅度是 20°～ 80°。

第 4 步 选择【翅膀 _ 左】图层，按快捷键 Ctrl+D 复制图层，然后把复制得到的新图层重命名为【翅膀 _ 右】，然后输入【y 轴旋转】属性的如下表达式，此时的【时间轴】面板如图 5-36 所示。

```
180-thisComp.layer(" 翅膀 _ 左 ").transform.yRotation
```

图 5-36

知识拓展

thisComp.layer（"翅膀_左"）.transform.yRotation 的意思就是将蝴蝶翅膀的旋转数值关联到图层【翅膀_左】的 y 轴旋转数值上。180-thisComp.layer（"翅膀_左"）.transform.yRotation 的意思是将蝴蝶翅膀的旋转方向进行反转，这样蝴蝶的翅膀就变成了对称效果。

第5步 开启【翅膀_左】和【翅膀_右】图层的运动模糊开关，如图 5-37 所示。

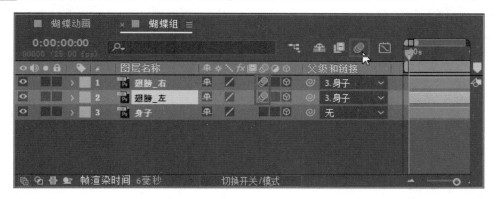

图 5-37

第6步 加载【蝴蝶动画】合成，开启【蝴蝶组】图层的【3D 图层】按钮和【折叠变换 / 连续栅格化】，如图 5-38 所示。

图 5-38

第7步 设置【蝴蝶组】图层中【方向】为（128°,350°,90°），如图 5-39 所示。

第8步 设置【位置】和【z 轴旋转】属性的动画关键帧。在第 0 秒处，设置【位置】参数为（270,-680,5145）；在第 5 秒处，设置【位置】参数为（1850,-385,4700）、【z 轴旋转】参数为 0x-32°；在第 6 秒处，设置【位置】参数为（1650,210,4100）、【z 轴旋转】参数为 0x-130°；在第 9 秒处，设置【位置】参数为（-500,330,4780）、【z 轴旋转】参数为 0x-238°，如图 5-40 所示。

图 5-39

图 5-40

第 9 步 拖动时间指示器即可查看使用表达式制作的蝴蝶动画效果，如图 5-41 所示。

图 5-41

5.5　实战案例与应用

　　本节将通过一些范例应用，如制作城市路标动画、制作小船游弋动画、制作心动求婚动画、制作花朵旋转动画等，练习上机操作，以达到对表达式动画巩固学习、拓展提高的目的。

5.5.1 制作城市路标动画

 　本例将使用一些常用的表达式以及关键帧设置，完成城市路标动画效果。下面详细介绍其操作方法。

<<　扫码获取配套视频课程，本节视频课程播放时长约为 2 分 44 秒。

 配套素材路径：配套素材\第5章
素材文件名称：制作城市路标动画素材.aep

操作步骤　　　　　　　　　　　　　　　　　　　　　　　　　　Step by Step

第1步　打开本例的素材文件"制作城市路标动画素材 .aep"，加载【城市路标】合成，选中【图层1】，使用【向后平移（锚点）工具】 ▨ 将锚点移动到黄色路标的底部，如图 5-42 所示。

图 5-42

第2步　按 R 键调出【图层1】的【旋转】属性，激活它的表达式，然后输入如下表达式，使黄色路标随时间轻微摆动，如图 5-43 所示。

```
wiggle(2,8)
```

图 5-43

第 3 步 按 P 键调出【图层 1】的【位置】属性，并激活它的表达式，输入如下表达式，使黄色路标上下跳动，如图 5-44 所示。

```
transform.position-[0,Math.sin(time*5)*30]
```

图 5-44

第 4 步 使用【椭圆工具】 在黄色路标的底部绘制一个扁平的椭圆形，不使用填充，然后设置【描边颜色】为浅蓝色，【描边宽度】为 10 像素，最后选中新建立的形状图层，按快捷键 Ctrl+Alt+Home 将锚点移动到形状的中心，如图 5-45 所示。

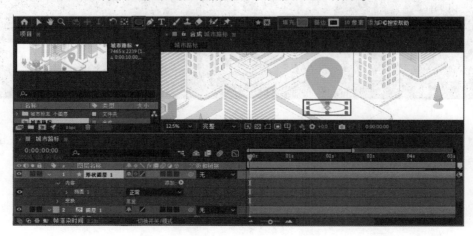

图 5-45

第 5 步 选中【形状图层 1】，按 S 键调出【缩放】属性，将时间指示器移动到第 0 秒处，设置该属性为（0%,0%），并开启它的自动关键帧；将时间指示器移动到第 5 秒处，设置该属性为（80%,80%）；将时间指示器移动到第 9 秒处，设置该属性为（100%,100%），如图 5-46 所示。

图 5-46

第 6 步 全选【形状图层 1】中的所有关键帧，按 F9 键将其转换为缓动关键帧，然后单独选择中间的关键帧，按住 Ctrl 键后连续单击两次该关键帧，将其转换为圆形关键帧，如图 5-47 所示。

图 5-47

第 7 步 激活【形状图层 1】下【缩放】的表达式，然后输入如下表达式，使椭圆形的缩放动画循环播放，如图 5-48 所示。

```
loopOut()
```

图 5-48

第8步 选中【形状图层1】，按T键调出【不透明度】属性，将时间指示器移动到第9秒处，设置该属性为0%，然后激活其自动关键帧，将时间指示器移动到第8秒处，设置【不透明度】参数为100%，将时间指示器移动到第0秒处，设置【不透明度】参数为20%，使椭圆形在缩放的同时闪烁，如图5-49所示。

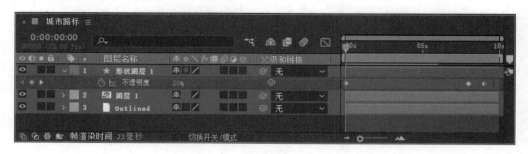

图 5-49

第9步 激活【形状图层1】下的【不透明度】表达式，然后输入如下表达式，使椭圆形的不透明度动画循环播放，从而制作出水面波纹的效果，如图5-50所示。

```
loopOut()
```

图 5-50

第10步 将【形状图层1】移动到【图层1】的下一层，如图5-51所示。

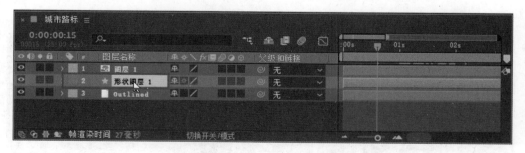

图 5-51

第11步 拖动时间指示器即可查看制作的城市路标动画效果，如图5-52所示。

图 5-52

5.5.2 制作小船游弋动画

本例将使用一些常用的表达式以及关键帧设置，完成小船游弋动画效果。下面详细介绍其操作方法。

<< 扫码获取配套视频课程，本节视频课程播放时长约为 1 分 20 秒。

配套素材路径：配套素材\第5章

素材文件名称：制作小船游弋动画素材.aep

操作步骤   Step by Step

第1步 打开本例的素材文件"制作小船游弋动画素材 .aep"，选中【图层 2】，使用【向后平移（锚点）工具】■将锚点移动到船体底部的中央，如图 5-53 所示。

图 5-53

第2步 选中【图层 3】，使用【向后平移（锚点）工具】■将锚点移动到上一步骤相同的位置，如图 5-54 所示。

图 5-54

第3步 选中【图层2】，按P键调出【位置】属性。将时间指示器移动到第0秒处，并开启其自动关键帧，将时间指示器移动到第3秒处，并设置【位置】参数为（5600,3400），使小船缓慢向右漂动，如图 5-55 所示。

图 5-55

第4步 将时间指示器移动到第0秒处，然后选中【图层3】，按P键调出【位置】属性，激活其表达式，接着将【表达式关联器】按钮拖曳到【图层2】的【位置】属性,让【图层3】的【位置】属性值始终与【图层2】的【位置】属性值相同，如图 5-56 所示。

第5步 选中【图层2】，并激活它的【位置】属性表达式，然后输入如下表达式，使小船在向右飘动的过程中有着轻微的晃动，如图 5-57 所示。

```
wiggle(2,30)
```

第6步 拖动时间指示器即可查看制作的小船游弋动画效果，如图 5-58 所示。

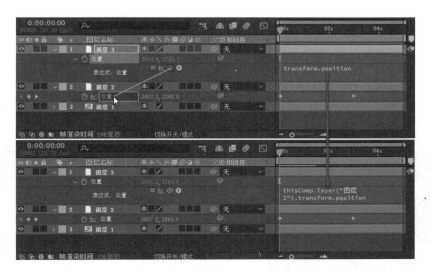

图 5-56

图 5-57

图 5-58

5.5.3 制作心动求婚动画

　　本例将使用一些常用的表达式以及关键帧设置，完成心动求婚动画效果。下面详细介绍其操作方法。

<< 扫码获取配套视频课程，本节视频课程播放时长约为 1 分 13 秒。

配套素材路径：配套素材\第5章
素材文件名称：制作心动求婚动画素材.aep

操作步骤

第1步 打开本例的素材文件"制作心动求婚动画素材.aep"，选中【爱心.png】图层，使用【向后平移（锚点）工具】■将锚点移动到爱心的底部，如图5-59所示。

图 5-59

第2步 选中【爱心.png】图层，按S键调出【缩放】属性，开启其自动关键帧，在第0秒处设置【缩放】参数为100%，在第10帧处设置【缩放】参数为50%，在第20帧处设置【缩放】参数为100%，在第1秒处设置【缩放】参数为50%，在第1秒10帧处设置【缩放】参数为100%，使爱心有一个简单的跳动动画效果，如图5-60所示。

图 5-60

第3步 选中刚刚设置的所有关键帧，按F9键将其转换为缓动关键帧，如图5-61所示。

第4步 激活【爱心.png】图层下的【缩放】属性表达式，添加如下表达式，使其重复爱心跳动的关键帧动画，如图5-62所示。

```
loopOut()
```

图 5-61

图 5-62

第 5 步 选中【爱心 .png】图层,按 R 键调出【旋转】属性,激活其表达式,输入如下表达式,使爱心能够左右摇摆,如图 5-63 所示。

```
20*Math.sin(3*time)
```

图 5-63

第 6 步 拖动时间指示器即可查看制作的心动求婚动画,效果如图 5-64 所示。

图 5-64

5.5.4 制作小车在公路上行驶动画

本例将使用一些常用的表达式以及关键帧设置，完成小车在公路上行驶的动画效果。下面详细介绍其操作方法。

<< 扫码获取配套视频课程，本节视频课程播放时长约为 1 分 2 秒。

 配套素材路径：配套素材\第5章
素材文件名称：制作小车行驶素材.aep

操作步骤　　　　　　　　　　　　　　　　　　　　　　　Step by Step

第1步 打开本例的素材文件"制作小车行驶素材.aep"，选中【图层 3】图层，使用【向后平移（锚点）工具】将锚点移动到如图 5-65 所示的位置。

图 5-65

第2步 选中【图层 3】图层，按 S 键调出【缩放】属性，并开启其自动关键帧，将时间指示器移动到第 0 秒处，设置【缩放】参数为 700%，将时间指示器移动到第 20 帧处，设置【缩放】参数为 30%，如图 5-66 所示。

图 5-66

第3步 选中【图层 3】图层，激活【缩放】属性的表达式，输入如下表达式，使公路标志产生由近到远的行驶效果，如图 5-67 所示。

```
loopOut()
```

图 5-67

第4步 选中【小车 .png】图层，按 P 键调出【位置】属性，并激活其表达式，输入如下表达式，为小车添加一个摇摆效果，如图 5-68 所示。

```
wiggle(3,3)
```

图 5-68

第5步 拖动时间指示器即可查看小车在公路上行驶的动画效果，如图 5-69 所示。

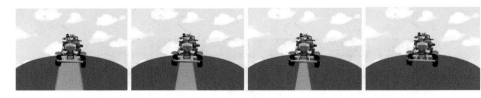

图 5-69

5.5.5 制作花朵旋转动画

本例将使用一些常用的表达式以及一些效果，完成花朵旋转动画。下面详细介绍其操作方法。

<< 扫码获取配套视频课程，本节视频课程播放时长约为 3 分 18 秒。

配套素材路径：配套素材\第5章
素材文件名称：花朵旋转素材.aep

操作步骤

第1步 打开本例的素材文件"花朵旋转素材.aep"，双击 Comp1 加载合成，在【时间轴】面板中，选择 Circle 1 图层，激活其【位置】属性表达式，添加如下表达式，如图5-70 所示。

`[160,Math.sin(time)*80+120]`

图 5-70

第2步 复制一个新的 Circle 1 图层，并将其命名为 Circle 2，修改 Circle 2 图层中的【位置】属性表达式，如图5-71 所示。

`[160,Math.sin(time)*-80+120]`

图 5-71

第3步 选择图层 Beam，执行【效果】→【生成】→【光束】命令，选择【起始点】属性，为其创建表达式并关联到图层 Circle 1 下的【位置】属性，如图5-72 所示。

第4步 将图层 Beam 下的【结束点】属性关联到 Circle 2 下的【位置】属性，如图5-73 所示。

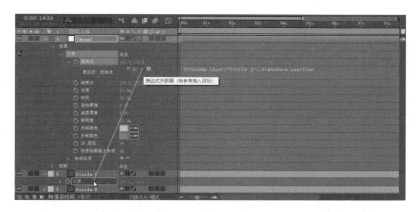

图 5-72

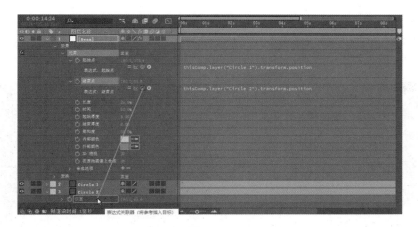

图 5-73

第 5 步 在【项目】面板中，双击 Comp2 加载该合成，将【项目】面板中的 Comp 1 合成添加到 Comp 2 合成的时间轴上，如图 5-74 所示。

图 5-74

第6步 选择 Comp 1 图层，连续按 3 次快捷键 Ctrl+D 复制图层，然后设置第 2 个图层的【旋转】参数为 0x+45°，设置第 3 个图层的【旋转】参数为 0x+90°，设置第 4 个图层的【旋转】参数为 0x-45°，如图 5-75 所示。

图 5-75

第7步 在【项目】面板中，双击【花朵旋动】加载该合成，将【项目】面板中的 Comp 2 合成添加到【花朵旋动】合成的时间轴上，如图 5-76 所示。

图 5-76

第8步 选择 Comp 2 图层，按快捷键 Ctrl+D 复制一个新图层，然后设置第 2 个图层的【缩放】参数为（180,180%）、【不透明度】参数为 30%，如图 5-77 所示。

第9步 选择第 1 个 Comp 2 图层，展开其【旋转】属性，并激活表达式，为其添加表达式 Math.sin(time)*360，然后选择第 2 个 Comp 2 图层，展开其【旋转】属性，并激活表达式，为其添加如下表达式，如图 5-78 所示。

```
Math.sin(time)*-360
```

图 5-77

图 5-78

第10步 将【项目】面板中的 Blue Solid 3 图层拖曳至【时间轴】面板中的底层，然后修改名称为 Grid，如图 5-79 所示。

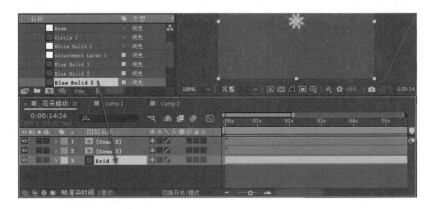

图 5-79

第11步 选择 Grid 图层，执行【效果】→【生成】→【网格】菜单命令，设置【大小依据】为"边角点"、【边角】为（192,144）、【边界】为 1、【颜色】为白色，如图 5-80 所示。

第12步 展开【网格】效果的【边角】属性，激活其表达式，为其添加如下表达式，如图 5-81 所示。

[Math.sin(time)*90+160,Math.sin(time)*90+120]

图 5-80

图 5-81

第13步 将【项目】面板中的 Adjustment Layer 1 图层拖曳至【时间轴】面板中的底层，然后执行【效果】→【颜色校正】→【色相/饱和度】菜单命令，接着在【效果控件】面板中，勾选【彩色化】复选框，修改【着色饱和度】参数为 100，如图 5-82 所示。

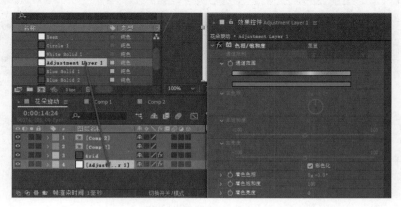

图 5-82

第14步 选择【色相/饱和度】效果的【着色色相】属性，激活其表达式，并为其添加如下表达式，如图 5-83 所示。

Math.sin(time)*360

图 5-83

第15步 拖动时间指示器即可查看制作的花朵旋转动画效果，如图 5-84 所示。

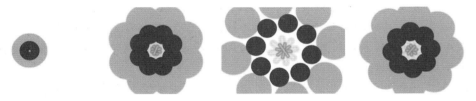

图 5-84

5.6　思考与练习

一、填空题

1. _____是由数字、算符、数字分组符号（括号）、自由变量和约束变量等组成的，以能求得数值的有意义排列方法所得的组合。

2. 在一般情况下，新的表达式文本将自动插入_____中的光标位置之后。

3. 当激活表达式输入框后，在默认状态下，表达式输入框中所有_____都将被选中，如果要在指定的位置输入表达式，可以将光标插入指定点之后。

4. 如果表达式输入框的大小不合适，可以拖曳表达式输入框的上下边框来_____或_____表达式输入框的大小。

5. 如果用户编写好了一个比较复杂的表达式，在以后的工作中就有可能调用这个表达式，这时可以为这个表达式进行_____，以便于辨识表达式。

6. 如果在一个图层中应用了表达式控制效果，那么可以在其他的动画属性中调用该特效的滑块数值，这样就可以使用一个简单的 _____ 效果来一次性影响其他的多个动画属性。

7. _____ 是一种按顺序存储一系列参数的特殊对象，它使用英文输入法状态中的逗号来分割多个参数列表，并且使用 [] 符号将参数列表首尾包括起来。

8. _____ 带有方向性的一个变量或是描述空间中的点的变量。在 After Effects 中，很多属性和方法都是向量数据，如最常用的【位置】属性值就是一个向量。

9. 表达式中使用的时间指的是 _____ 的时间，而不是指 _____ 时间，其单位是以秒来衡量的。

10. 默认的表达式时间是当前合成的时间，它是一种 _____ 时间。

二、判断题

1. 在 After Effects 中，可以在表达式输入框中手动输入表达式，也可以使用函数菜单来完整地输入表达式，还可以使用表达式关联器或从其他表达式中复制表达式。　　　　　（　　）

2. 如果在表达式输入框中选择了文本，那么这些被选择的文本将被新的表达式文本所取代；如果表达式插入光标在表达式输入框之内，那么整个表达式输入框中的所有文本都将被新的表达式文本所取代。　　　　　（　　）

3. 使用表达式关联器可以将一个动画的属性关联到另一个动画的属性中。　（　　）

4. 如果在保存的动画预设中，动画属性仅包含表达式而没有任何关键帧，那么动画预设只保存表达式的信息；如果动画属性中包含一个或多个关键帧，那么动画预设将同时保存关键帧和表达式的信息。　　　　　（　　）

5. 在同一个合成项目中，可以复制动画属性的关键帧和表达式，然后将其粘贴到其他的动画属性中，但不可以只复制属性中的表达式。　　　　　（　　）

6. 表达式控制效果包中的效果可以应用到任何图层中，但是最好应用到一个【空对象】图层中，因为这样可以将【空对象】图层作为一个简单的控制层，然后为其他图层的动画属性制作表达式，并将【空对象】图层中的控制数值作为其他图层动画属性的表达式参考。　　　　　（　　）

7. 合成中的时间在经过嵌套后，表达式中默认的还是使用之前的合成时间值，而不是嵌套后的合成时间。　　　　　（　　）

8. 如果直接将源图层作为获取时间的依据，则最终获取的时间为当前合成的时间。　　　　　（　　）

9. After Effects 为用户提供了一个函数菜单，用户可以直接调用里面的表达式，而不用自己输入。　　　　　（　　）

三、简答题

1. 如何添加表达式？

2. 编辑表达式的方法大致可分为几种？请简单回答如何编辑表达式。

第 6 章
形状图层动画

　　本章主要介绍图层路径、图层填充和描边、形状变换、应用路径效果等方面的知识与技巧，在本章的最后还针对实际的工作需求，讲解一些制作图层动画的案例。通过对本章内容的学习，读者可以掌握形状图层动画方面的知识，为深入学习 MG 动画设计与制作知识奠定基础。

6.1 图 层 路 径

形状图层因为其方便易用、功能强大的特点，在图形动画制作领域中应用得非常广泛。自从 After Effects 引入了形状图层的概念，并在其中添加了很多专有效果后，After Effects 在制作矢量图形动画方面的能力得到了极大的提升。形状图层的形状是由路径决定的，路径一旦确定，形状也会随之确定。同理，图层形状的添加或修改也是通过编辑路径实现的。

6.1.1 添加路径

在前面的章节中具体讲解了蒙版的添加方法，由于蒙版和形状图层的形状均是由路径决定的，因此添加形状路径的方法和添加蒙版的方法基本相同。

使用形状工具和钢笔工具添加蒙版时，需要首先选中目标图层，如图 6-1 所示；当未选中任何图层或选中的不是形状图层时，则会自动创建一个包含所绘制的路径的形状图层，如图 6-2 所示。

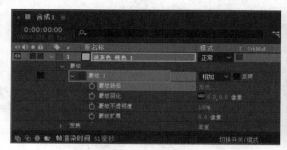

图 6-1   图 6-2

按照上面的步骤，选中形状图层时添加的是一个形状而不是蒙版。当用户需要对形状图层添加蒙版时，就要在工具栏中切换模式，如切换为【工具创建形状】★和【工具创建蒙版】▨，如图 6-3 所示。

图 6-3

6.1.2 设置路径属性

将【形状图层 1】展开，用户可以看到形状图层比最简单的纯色图层多出了【内容】属性。在【内容】属性中，【矩形 1】是添加的矩形，其中包括【矩形路径 1】、【描边 1】、【填充 1】和【变换：矩形 1】4 个子属性，如图 6-4 所示。展开【矩形路径 1】可以看到与路径相关的属性，位于【矩形路径 1】右侧的两个按钮▬、▬控制路径的方向为正向还是反向。

图 6-4

下面介绍一些重要的参数。

- 大小：控制图形的尺寸。与图层的【缩放】属性不同，图形的大小不受锚点影响，可以通过取消比例约束分别编辑图形的长和宽。
- 位置：控制图形相对于创建位置的位移，初始值是（0,0）。
- 圆度（矩形）：控制矩形顶角的圆度。

✎ 知识拓展

　　导入 After Effects 项目中的矢量图无法像形状图层那样编辑锚点。选中图层，然后右击，并选择【从矢量图层创建形状】菜单项，即可完成矢量图层到形状图层的转变，这时 After Effects 会基于图层本身的轮廓新建一个形状图层。

6.1.3　实战——制作图形形状变化动画

　　每一个【路径】关键帧代表着形状的形态，所以在控制形状路径动画时，只需要在关键帧上改变形状锚点的位置，After Effects 就能自动产生补间动画。本例详细介绍制作图形形状变化动画的操作方法。

《《 扫码获取配套视频课程，本节视频课程播放时长约为 42 秒。

配套素材路径：配套素材\第6章
素材文件名称：图形形状.aep

▌▌▌ 操作步骤　　　　　　　　　　　　　　　　　　　　　　Step by Step

第1步　打开本例的素材文件"图形形状.aep"，选择【多边形工具】 ◼️ ，设置填充和描边的颜色，然后在不选中任何图层的状态下，绘制一个多边形图形，将时间指示器移动到 0 秒处，展开【形状图层1】→【内容】→【多边星形1】→【多边星形路径1】选项，开启

【点】自动关键帧，设置其参数为 5，如图 6-5 所示。

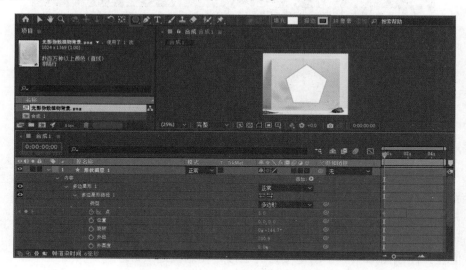

图 6-5

第 2 步 将时间指示器移动到第 3 秒处，设置【点】参数为 10，如图 6-6 所示。

图 6-6

第 3 步 将时间指示器移动到第 4 秒处，设置【点】参数为 40，如图 6-7 所示。

图 6-7

第4步 拖动时间指示器即可查看制作的图形形状变化动画效果，如图 6-8 所示。

图 6-8

6.2　图层填充和描边

　　填充也是图形自带的属性之一，即添加形状的内容，若不使用填充，那么该形状就是一个内部没有颜色的线框。描边是描绘形状的边线，若不使用描边，那么该图形就是一个没有线框的颜色色块。本节将详细介绍图层填充和描边的相关知识及操作方法。

6.2.1　填充和设置填充属性

　　选中一个形状后，用户可以在工具栏中看到关于形状填充的信息，即填充的颜色，如图 6-9 所示。

图 6-9

　　展开【矩形 1】下的【填充 1】属性，可以看到各项填充属性和填充的叠加模式，一般情况下，默认为【正常】，如图 6-10 所示。

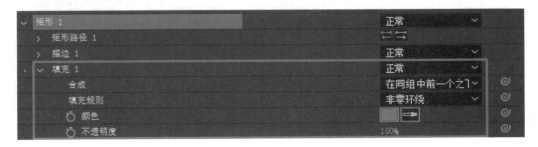

图 6-10

　　下面详细介绍一些重要的参数。

- 填充规则：针对比较复杂的路径，当难以确认某一块区域是否在路径内部时（如路径多次覆盖某一区域），【填充规则】下的【非零环绕】和【奇偶】两种模式会有不同的结果。

- 非零环绕：通过交叉计数判断，直线的交叉计数是直线穿过路径的自左向右部分的总次数减去其自右向左部分的总次数。如果从该点按任意方向绘制的直线交叉计数为零，那么该点位于路径外部，否则该点位于路径内部。
- 奇偶：如果从一点按任意方向穿过路径绘制直线的次数为奇数次，那么该点位于路径内部，否则该点位于路径外部。
- 颜色：填充的颜色与工具栏中看到的形状填充颜色一致，任意一处颜色发生变化，另外一处也会相应发生变化。
- 不透明度：填充颜色的不透明度。

单击【填充】高亮文字，系统会弹出【填充选项】对话框，用户可以在其中设置填充模式、叠加模式和不透明度，使填充的颜色更加丰富，如图 6-11 所示。

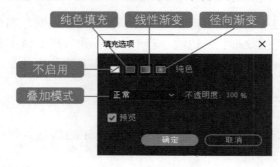

图 6-11

以【线性渐变】为例，【渐变填充 1】属性下可以设置新的属性，如图 6-12 所示。

图 6-12

下面详细介绍一些重要的参数。

- 类型：在【线性】和【径向】两种渐变方式中切换，如图 6-13 所示。
- 起始点 / 结束点：分别控制渐变的起始位置和终止位置。单击【编辑渐变】文字，可以在弹出的【渐变编辑器】对话框中控制渐变的颜色。颜色条上方的两个标签控制渐变的不透明度，下方的两个标签控制渐变的颜色范围，单击其中某一个标签可以对其值进行修改，如图 6-14 所示。

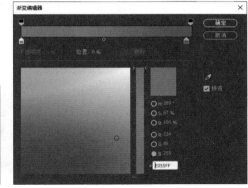

图 6-13   图 6-14

6.2.2 添加描边和设置描边属性

选中一个形状，用户可以在工具栏中看到关于形状描边的信息，即描边的颜色和宽度，如图 6-15 所示。

图 6-15

除了描边的颜色和宽度等基本外观属性，展开【矩形 1】下的【描边 1】属性，可以看到各项描边属性，如不透明度、叠加模式（默认为【正常】），如图 6-16 所示。

图 6-16

下面详细介绍一些重要的参数。

- 颜色：控制描边的颜色。
- 不透明度：控制描边的不透明度。
- 描边宽度：控制描边的宽度。
- 线段端点：控制描边线段端点的类型，包括【平头端点】、【圆头端点】和【矩形端点】。【平头端点】表示描边在路径结束的位置结束；【圆头端点】表示描边在路径以外有延伸，超出的像素等于描边宽度，端点形状是半圆；【矩形端点】同样表示描边在路径以外有延伸，不同点在于端点的形状是方形，3 种端点类型效果如图 6-17 所示。

平头端点　　　　　　　圆头端点　　　　　　　矩形端点

图 6-17

- 线段连接：控制路径改变方向（转弯）时的外观形状，包括【斜接连接】、【圆角连接】和【斜面连接】3 种连接类型，如图 6-18 所示。

斜接连接　　　　　　　圆角连接　　　　　　　斜面连接

图 6-18

- 尖角限制：限制属性值，确定哪些情况下使用斜面连接而不是斜接连接。如选择【斜接连接】，当尖角限制为 4，即尖角的长度达到描边宽度的 4 倍时，将改用斜面连接；当尖角限制为 1 时，斜接连接等同于斜面连接。

6.2.3　虚线描边

展开描边的【虚线】属性，此时默认没有任何可编辑的属性值，因为此时的描边并不是虚线。单击【虚线】右侧的【添加】按钮，此时描边被转换为虚线，并添加【虚线】和【间隙】这两个可编辑的属性值，分别控制虚线中每个线段的长度和间隔，如图 6-19 所示。再次单击【添加】按钮，还会添加【偏移】属性，该属性控制的是虚线的偏移量。

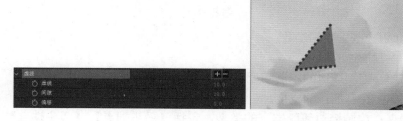

图 6-19

6.2.4 渐变描边

单击工具栏中的【描边】高亮文字，系统会弹出【描边选项】对话框，用户可以将描边更改为渐变描边，使描边的颜色更加丰富，如图 6-20 所示。

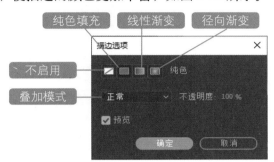

图 6-20

以【线性渐变】为例，在【渐变描边 1】属性下可设置新的属性，如图 6-21 所示。

单击【编辑渐变】文字，同样可以在弹出的【渐变编辑器】对话框中控制渐变的颜色，如图 6-22 所示。

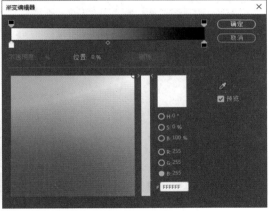

图 6-21   图 6-22

 知识拓展

当描边和填充同时启用时，两者在叠加顺序上表现为描边在上，填充在下。

6.2.5 实战——制作霓虹灯闪烁动画

霓虹灯可以清晰地看到颜色的不同，忽明忽暗的霓虹灯闪烁是制作动画时常用的效果。本例将通过设置填充颜色、创建蒙版、设置蒙版羽化、添加发光效果，以及在【不透明度】属性中添加表达式，来完成霓虹灯闪烁动画效果。

<< 扫码获取配套视频课程，本节视频课程播放时长约为 1 分 47 秒。

配套素材路径：配套素材\第6章
素材文件名称：霓虹灯闪烁素材.aep

操作步骤   Step by Step

第1步 打开本例的素材文件"霓虹灯闪烁素材.aep"，不选中任何图层，使用【椭圆工具】绘制一个较大的椭圆形，并设置【描边宽度】参数为 0，如图 6-23 所示。

图 6-23

第2步 单击工具栏中的【填充】文字，在弹出的【填充选项】对话框中选择【线性渐变】，单击【确定】按钮，如图 6-24 所示。

第3步 单击工具栏中的【填充】文字后面的色块，打开【渐变编辑器】对话框，先单击左下角的色标，并设置【颜色】为黄色；单击右下角的色标，并设置【颜色】为青色，如图 6-25 所示。

图 6-24

图 6-25

第 4 步 单击色块下方的任意空余位置新建一个色标，然后将色标移动到色条的中央，并设置【颜色】为红色，单击【确定】按钮，如图 6-26 所示。

第 5 步 调整控制柄的方向，使颜色按照如图 6-27 所示的方向渐变。

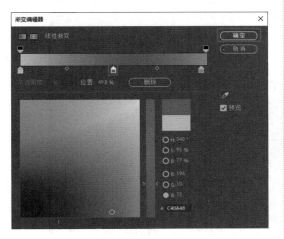

图 6-26

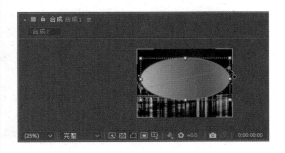

图 6-27

第 6 步 选择【椭圆工具】，并单击【工具创建蒙版】按钮，在【形状图层 1】图层上创建如图 6-28 所示的蒙版。

第 7 步 选中【形状图层 1】，按 F 键调出【蒙版羽化】属性，并设置该属性参数为（125,125），如图 6-29 所示。

第 8 步 在菜单栏中选择【效果】→【风格化】→【发光】菜单项，为【形状图层 1】添加发光效果，保持默认参数，使渐变颜色具有霓虹灯效果，如图 6-30 所示。

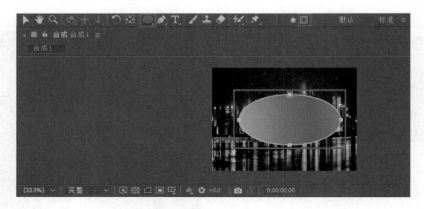

图 6-28

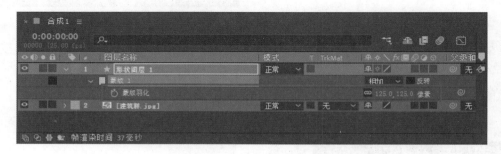

图 6-29

图 6-30

第9步 选中【形状图层 1】，按 T 键调出【不透明度】属性，并激活其表达式，在表达式文本框中输入 gaussRandom(30)，制作出亮度闪烁的动画效果，如图 6-31 所示。

第10步 拖动时间指示器即可查看制作的霓虹灯闪烁动画效果，如图 6-32 所示。

图 6-31

图 6-32

6.3　形状变换

　　图形绘制完成后，如果需要进一步改变其外观，还可以对形状图层进行类似修改图层属性的变换。形状图层中的每一个形状都有其单独的变换属性，当用户想单独编辑图层中的某一个图形时，使用形状变换就十分便捷了。本节将介绍形状变换的相关知识及操作方法。

6.3.1　简单变换

　　展开【变换：矩形 1】属性，可以看到矩形形状的变换属性，其中【锚点】、【位置】、【比例】、【旋转】和【不透明度】等属性与图层变换中的同名属性的含义相同，而【倾斜】和【倾斜轴】属性则是形状变换的特有属性，如图 6-33 所示。

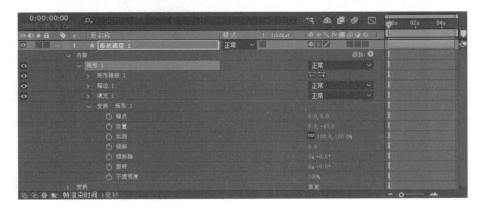

图 6-33

【倾斜】和【倾斜轴】属性控制着形状的倾斜变换，【倾斜】控制形状倾斜的程度，【倾斜轴】控制形状倾斜的基准轴方向。初始的 0x+0°为水平方向，在设置了【倾斜】属性后，原本直立的矩形发生了倾斜形变，如图 6-34 所示。

图 6-34

6.3.2 多重变换

由于图层变换和形状变换可以同时对形状生效，因此用户可以同时编辑图层变换和形状变换的属性来实现一些比较复杂的变换。如实现类似自转和公转的效果，如图 6-35 所示，可以看到星球在自转的同时，还环绕着太阳公转。

图 6-35

将自转对象【星球】的锚点移动到公转对象上，使其位置在太阳的中心，如图 6-36 所示。

图 6-36

将自转对象【星球】的【球体】元素的锚点移动到自转对象的中心，如图 6-37 所示。

图 6-37

选中自转对象【星球】，在搜索栏中搜索【旋转】，调出该图层的所有【旋转】属性，并激活表达式，分别为其输入如图 6-38 所示的表达式，使这些元素随时间旋转。其中自转对象【星球】的【球体】围绕星球旋转，自转对象的图层围绕太阳旋转，实现星球围绕太阳公转的同时也存在自转的效果。

图 6-38

6.3.3　实战——通过形状变换制作变形动画

对于形状图层中的形状来说，通过修改其属性，并添加自动关键帧，可以制作出十分华丽的动画效果。本例详细介绍通过形状变换制作变形动画的操作方法。

<< 扫码获取配套视频课程，本节视频课程播放时长约为 1 分 58 秒。

配套素材路径：配套素材\第6章
素材文件名称：制作变形动画素材.aep

操作步骤 Step by Step

第1步 打开本例的素材文件"制作变形动画素材 .aep"，选中【形状图层 1】，激活【变换：矩形 1】中【倾斜】属性的自动关键帧，然后将时间指示器移动到第 20 帧处，设置该属性值为 35，如图 6-39 所示。

图 6-39

第2步 选中【形状图层 1】，按快捷键 Ctrl+D 创建一个副本，并设置【倾斜】在第 20 帧时的属性值为 -35，如图 6-40 所示。

图 6-40

第3步 选中两个形状图层，按 U 键调出激活了关键帧的属性。选择所有关键帧，按 F9 键将其转换为缓动关键帧，如图 6-41 所示。

第4步 选中两个形状图形,并创建这两个图层的副本,然后设置【填充颜色】为更深的绿色,如图 6-42 所示。

第5步 选中【形状图层 3】和【形状图层 4】,并创建这两个图层的副本,然后设置【填充颜色】为比之前更深的绿色。接着选中【形状图层 5】和【形状图层 6】,再次操作上述步骤,设置【形状图层 7】和【形状图层 8】的【填充颜色】为比之前更深的绿色，最后调整新图层的顺序，如图 6-43 所示。

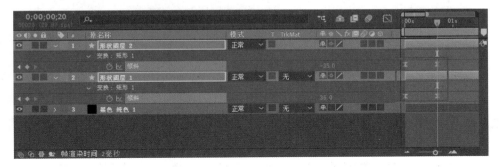

图 6-41

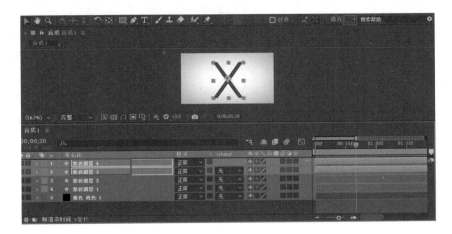

图 6-42

图 6-43

第 6 步 以每两个连续的图层为一组，将每一组的图层持续时间条向后移动 4 帧，如图 6-44 所示。

图 6-44

第7步 选中所有形状图层，按 U 键调出激活了关键帧的属性，然后调整每一组图层中第 2 个关键帧的位置，使各小组之间有一个关键帧的时间差，如图 6-45 所示。

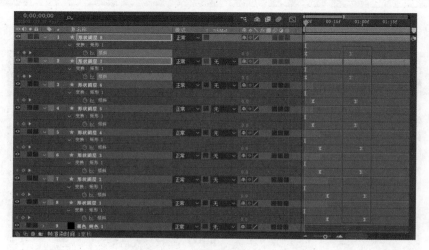

图 6-45

第8步 拖动时间指示器即可查看制作的变形动画效果，如图 6-46 所示。

图 6-46

6.4　应用路径效果

　　路径操作是形状图层的一类效果，包括【位移路径】、【收缩和膨胀】及【中继器】等多种效果。这些效果可以帮助用户快速地制作出一些复杂的图层动画效果。本节将详细介绍应用路径效果的相关知识及操作方法。

6.4.1 添加效果

在形状图层中单击【内容】右侧的【添加】菜单按钮，菜单中的最后一栏就是各种路径效果，单击任意一个即可向图层中添加相应的效果，如图 6-47 所示。

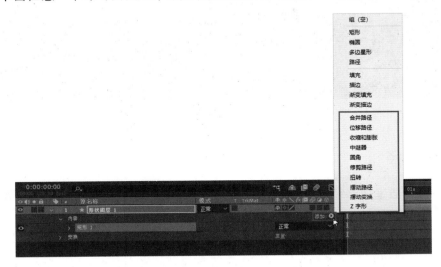

图 6-47

选中图层后添加的路径效果将作用于整个图层，即图层中的每个形状都会进行相应的变换。当用户想单独对图层中的某一个形状进行操作时，可以单独选中某个形状后添加效果，如图 6-48 所示。

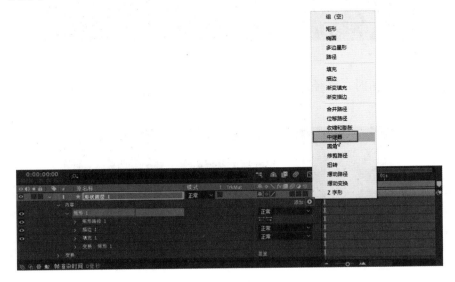

图 6-48

为图层添加效果后，将其拖曳到形状属性下，路径效果只作用于单独形状，如图 6-49 所示。

图 6-49

6.4.2　位移路径

位移路径是通过使路径与原始路径发生位移来扩展或收缩形状，该效果的属性内容如图 6-50 所示。

图 6-50

当【数量】为正值时，路径向外扩展；当【数量】为负值时，路径向内收缩，应用效果如图 6-51 所示。

图 6-51

由于路径发生了扩展或收缩，形状的实际边缘也将发生变化。位移路径同样提供了【线段连接】和【尖角限制】属性来调整形状边缘的外观。

6.4.3 收缩和膨胀

收缩和膨胀并不是对形状进行缩放变换，而是对路径的顶点进行变换，该效果的属性内容如图 6-52 所示。

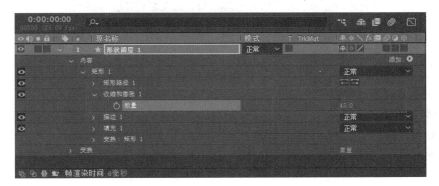

图 6-52

当【数量】为正值时，向外弯曲路径的同时将路径的顶点向内膨胀；当【数量】为负值时，向内弯曲路径的同时将路径的顶点向外收缩，应用效果如图 6-53 所示。

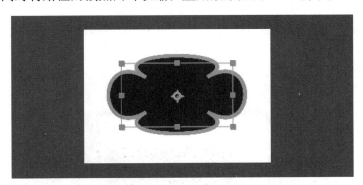

图 6-53

6.4.4 中继器

中继器是路径编辑类效果中常用的几个效果之一。中继器可以快速生成形状副本，并能灵活地设置副本与原本之间的变换关系，即第 1 个副本在原本的基础上进行一次变换，之后的副本则在该副本的基础上再变换一次，以此类推，该效果的属性内容如图 6-54 所示。

图 6-54

下面详细介绍一些重要参数。

- 副本：生成副本后图形的总数。例如当【副本】参数设置为 3 时，即生成 2 个副本，加上原本共有 3 个图形。
- 偏移：对原本图形施加【偏移】次数的变换后再生成副本，【偏移】值可以取小于 0 的整数，使其发生方向相反的变换。
- 合成：可以选择【之上】或【之下】，控制新生成的副本显示在上层或下层。
- 锚点：每个副本的锚点相对于中心位置的位移，初始值是（0,0）。当中继器被设置在单独某一形状下时，其中心位置为形状路径的中心，否则为图层中心。
- 位置：每次生成副本时相对于创建位置的位移，初始值是（0,0）。
- 比例：每次生成副本时相对于原本比例变换的大小。
- 旋转：每次生成副本时相对于原本旋转变换的值。
- 起始点不透明度 / 结束点不透明度：分别控制原本和最新一个副本的不透明度，其间副本的不透明度在这两值间线性插值获得（最新一个副本本身不被生成，实际产生的副本数为【副本】值减去 1 个）。

应用中继器效果如图 6-55 所示。

图 6-55

6.4.5 圆角

圆角控制的是路径转角处的圆度，【半径】的值越大，则圆度越大，该效果的属性内容如图 6-56 所示。

图 6-56

应用圆角效果如图 6-57 所示。

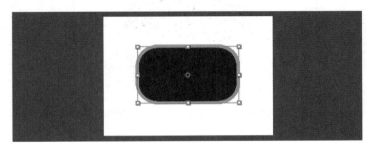

图 6-57

6.4.6 修剪路径

修剪路径是通过更改原本路径的起点和终点位置来改变路径的形状，从而只显示开始点和结束点的路径。同时路径的填充和描边等属性也会发生对应的变化，该效果的属性内容如图 6-58 所示。

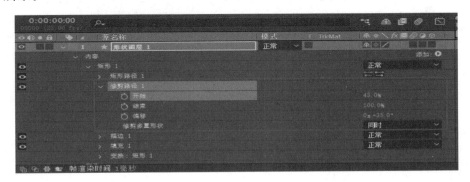

图 6-58

下面详细介绍一些重要的参数。

- 开始：路径开始点在原路径的位置，单位用百分数表示。
- 结束：路径结束点在原路径的位置，单位用百分数表示。
- 偏移：修剪后的路径在原路径上的偏移量。
- 修剪多重形状：可选【同时】或【单独】模式。当【修剪路径】位于组中多个路径的下面时，【同时】模式下将同时修改这些路径，而【单独】模式下则会将这些路径看作复合路径并单独修剪。

应用修剪路径效果如图 6-59 所示。

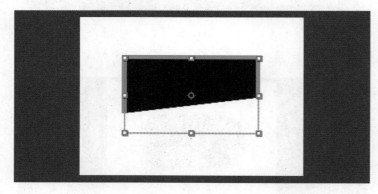

图 6-59

6.4.7 扭转

扭转使路径发生扭曲变形，越靠近【中心】位置形变程度越大，该效果的属性内容如图 6-60 所示。

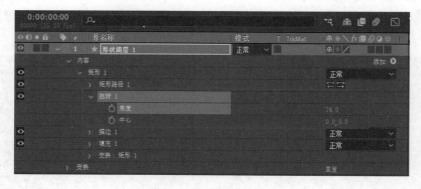

图 6-60

【角度】控制整体路径扭曲的程度，当【角度】为正值时路径按顺时针方向扭曲，当【角度】为负值时路径按逆时针方向扭曲，应用效果如图 6-61 所示。

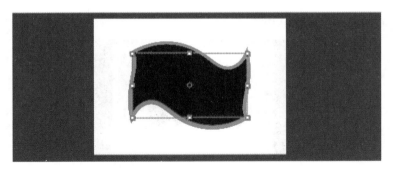

图 6-61

6.4.8 摆动路径

摆动路径是通过将路径转换为一系列大小不等的尖峰和凹谷，并使之随时间变化产生不规则的震动效果，该效果的属性如图 6-62 所示。

图 6-62

下面详细介绍一些重要的参数。

- 大小：摆动幅度的大小。
- 详细信息：该属性的值越大，摆动越密集，反之摆动越稀疏。
- 点：控制摆动的尖角边缘是尖锐或是圆滑，有【边角】和【平滑】两种类型。
- 摇摆 / 秒：控制路径每秒的摆动次数，数值越大路径摆动的频率就越大。
- 关联：控制路径上每处摆动间的关联程度。当【关联】参数设置为 100% 时，每处摆动幅度相同；当【关联】参数设置为 0% 时，每处摆动都是独立变化的。
- 时间相位 / 空间相位：更改摆动在时间或空间上的相位。
- 随机植入：随机变化的随机种子，输入不同的值可以让路径产生不同的随机摆动效果。

摆动路径应用效果如图 6-63 所示。

图 6-63

6.4.9　实战——制作玩耍扑克牌动画

 本例将应用【中继器】效果并设置其动画关键帧，然后使用【钢笔工具】绘制扑克牌图案以及蒙版，最后创建一个纯色图层作为背景，从而完成制作扑克牌动画效果。

＜＜扫码获取配套视频课程，本节视频课程播放时长约为 1 分 48 秒。

 配套素材路径：配套素材\第6章
素材文件名称：玩耍扑克牌动画素材.aep

操作步骤　　　　　　　　　　　　　　　　　　　　　　　　Step by Step

第1步　打开本例的素材文件"玩耍扑克牌动画素材 .aep"，选中【形状图层 1】，单击【内容】右侧的【添加】按钮 ，并选择【中继器】选项，如图 6-64 所示。

图 6-64

第2步 将时间指示器移动到第 2 秒处，调节【中继器】效果属性，并设置【副本】参数为 6、【锚点】参数为（220,330）、【位置】参数为（−30,30）、【旋转】参数为 0x+9°，开启【位置】和【旋转】属性的自动关键帧，让扑克牌旋转展开，如图 6-65 所示。

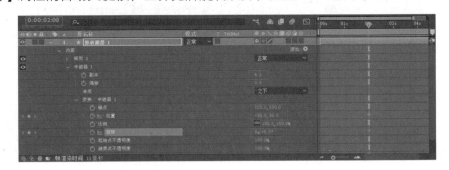

图 6-65

第3步 将时间指示器移动到第 0 秒处，调节【中继器 1】效果属性，并设置【位置】参数为（0,0）、【旋转】参数为 0x+0°，让扑克牌返回原样，最后选中所有的关键帧，按 F9 键将其转换为缓动关键帧，如图 6-66 所示。

图 6-66

第4步 使用【钢笔工具】在【形状图层 1】上绘制如图 6-67 所示的菱形路径，设置其填充颜色为浅红色、【描边宽度】参数为 0 像素，将其作为扑克牌背面的图案。

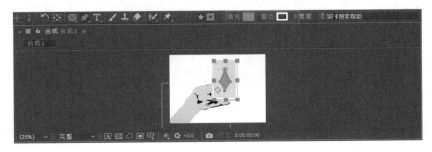

图 6-67

第5步 选中【手 .png】图层，按快捷键 Ctrl+D 创建一个副本，如图 6-68 所示。

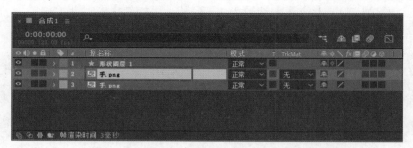

图 6-68

第6步 使用【钢笔工具】 在第 1 个【手 .png】图层上绘制如图 6-69 所示的蒙版，即使该处的蒙版包含大拇指以及手的部分区域，让没有创建蒙版的区域不显示。

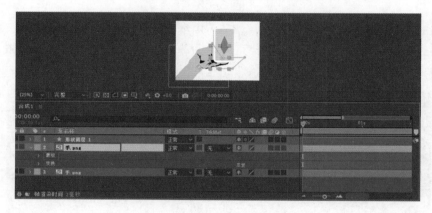

图 6-69

第7步 将图层按如图 6-70 所示的顺序排列，制作出握住纸牌的状态。

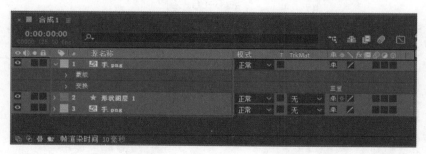

图 6-70

第8步 按快捷键 Ctrl+Y 创建一个纯色图层，设置【颜色】为粉色，并将其移动到最底层作为背景，如图 6-71 所示。

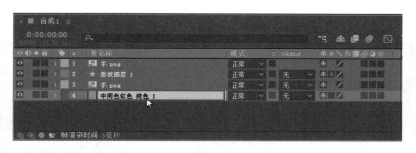

图 6-71

第9步 拖动时间指示器即可查看制作的玩耍扑克牌动画效果，如图 6-72 所示。

图 6-72

6.5　实战案例与应用

本节将通过一些范例应用，如制作在宇宙中飞行的火箭动画、制作小球融合加载动画、制作炫酷转场动画等，练习上机操作，以达到对形状图层动画巩固学习、拓展提高的目的。

6.5.1　制作在宇宙中飞行的火箭动画

 本例首先使用【钢笔工具】 绘制两个形状作为火箭喷射火焰，然后通过【表达式关联器】 关联图层，并设置【位置】属性的自动关键帧，从而完成火箭飞行动画效果。

<< 扫码获取配套视频课程，本节视频课程播放时长约为 1 分 16 秒。

 配套素材路径：配套素材\第6章
素材文件名称：飞行的火箭素材.aep

操作步骤

Step by Step

第1步 打开本例的素材文件"飞行的火箭素材.aep"，不选中任何图层，使用【钢笔工具】 绘制一个三角形，并设置【描边宽度】参数为 0 像素、【填充颜色】为红色，作为喷射器喷射的火焰，如图 6-73 所示。

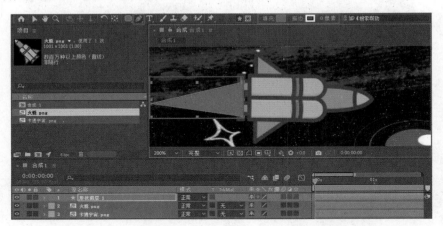

图 6-73

第 2 步 不选中任何图层，使用【钢笔工具】 绘制一个比上一步骤略小的三角形，并设置【填充颜色】为黄色，作为喷射器喷射的火焰，如图 6-74 所示。

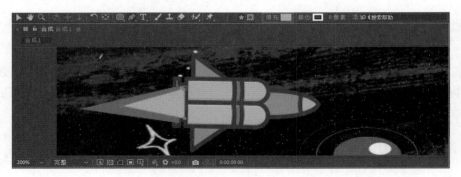

图 6-74

第 3 步 选中刚刚创建的形状图层，将其移动到【火箭 .png】图层的下一层，并将其中的一个图层的【表达式关联器】 拖曳到【火箭 .png】图层，让火焰跟随火箭运动，如图 6-75 所示。

图 6-75

第 4 步 选中【火箭 .png】图层，按 P 键调出【位置】属性，将时间指示器移动到第 0 秒处，设置该属性值为（155,207），并开启【位置】属性的自动关键帧，如图 6-76 所示。

图 6-76

第 5 步 将时间指示器移动到第 3 秒处，设置【位置】属性值为（673,207），让火箭从左向右保持匀速运动，如图 6-77 所示。

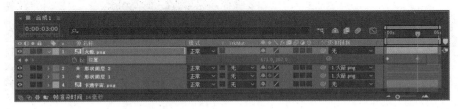

图 6-77

第 6 步 拖动时间指示器即可查看制作的在宇宙中飞行的火箭动画，如图 6-78 所示。

图 6-78

6.5.2 制作小球融合加载动画

本例首先使用【椭圆工具】绘制一个圆形，然后设置其【旋转】属性自动关键帧，接着创建副本，调整关键帧位置，并为其添加一些效果，从而完成小球融合加载动画。

＜＜ 扫码获取配套视频课程，本节视频课程播放时长约为 2 分 8 秒。

配套素材路径：配套素材\第6章
素材文件名称：小球融合加载动画素材.aep

操作步骤

第1步 打开本例的素材文件"小球融合加载动画素材.aep"，加载【小球融合】合成，使用【椭圆工具】 ⬤ 并按住 Shift 键绘制一个圆形，然后使用【向后平移（锚点）工具】 ▦ ，将锚点移动到画面的中心处，使其距离圆形有一定的距离，如图 6-79 所示。

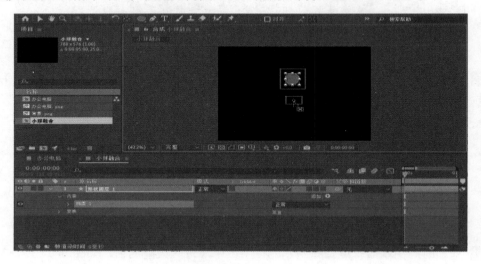

图 6-79

第2步 使小球围绕着画面中心旋转一周。选中【形状图层 1】，按 R 键调出【旋转】属性。将时间指示器移动到第 0 秒处，并激活其自动关键帧，如图 6-80 所示。

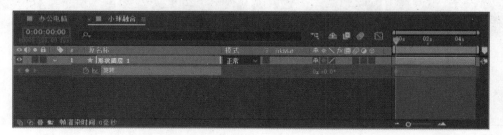

图 6-80

第3步 将时间指示器移动到第 2 秒处，并设置该属性值为 1x+0°，选中所有关键帧，按 F9 键将其转换为缓动关键帧，如图 6-81 所示。

第4步 使多个小球绕着画面中心旋转一周，实现简单的加载状态。选中【形状图层 1】，连续按 4 次快捷键 Ctrl+D 创建 4 个副本，然后选中所有图层，按 U 键调出这些图层中激活了关键帧的属性，如图 6-82 所示。

第5步 调整所有【旋转】属性的关键帧位置，使 5 个图层的开始点和结束点错开，如图 6-83 所示。

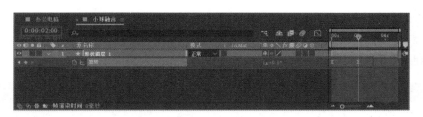

图 6-81

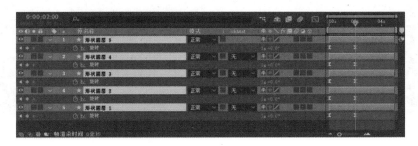

图 6-82

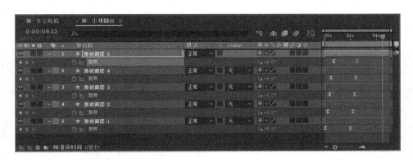

图 6-83

第6步 选中所有的形状图层，右击并选择【预合成】菜单项，将其添加到一个合成中，如图 6-84 所示。

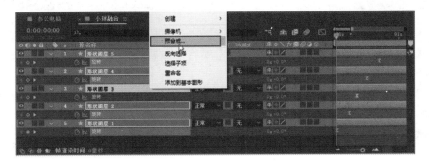

图 6-84

第7步 在菜单栏中选择【效果】→【遮罩】→【简单阻塞工具】菜单项，为新建的【预合成1】添加阻塞效果，并设置【阻塞遮罩】参数为15，如图6-85所示。这时在运动过程中，相邻较近的两个小球会出现融合状态。

图6-85

第8步 在菜单栏中选择【效果】→【模糊和锐化】→【高斯模糊】菜单项，为【预合成1】添加模糊效果，然后在【效果控件】面板中将【高斯模糊】效果移动到【简单阻塞工具】效果之前，并设置【模糊度】参数为20，如图6-86所示。

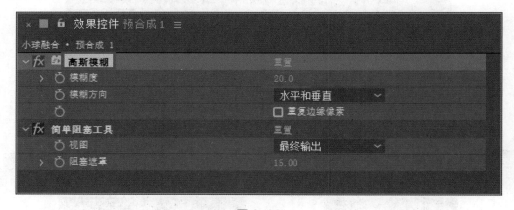

图6-86

第9步 加载切换到【办公电脑】合成，将【项目】面板中的【小球融合】合成拖曳到【办公电脑】合成中，如图6-87所示。

第10步 设置【小球融合】图层的【位置】参数为（1795,950）、【缩放】参数为200%，如图6-88所示。

第11步 拖动时间指示器即可查看制作的小球融合加载动画效果，如图6-89所示。

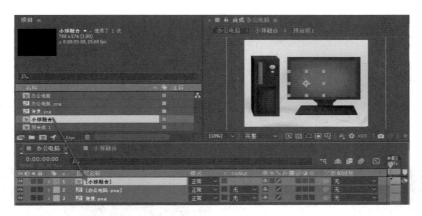

图 6-87

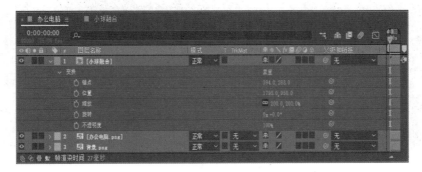

图 6-88

图 6-89

6.5.3 制作炫酷转场动画

本例使用【椭圆工具】⬤绘制一个圆形，然后为其添加一些效果，并设置关键帧，从而完成炫酷转场动画。

<< 扫码获取配套视频课程，本节视频课程播放时长约为 2 分 39 秒。

配套素材路径：配套素材\第6章

素材文件名称：制作转场动画素材.aep

操作步骤

第 1 步 打开本例的素材文件"制作转场动画素材 .aep"，使用【椭圆工具】■并按住 Shift 键绘制一个圆形，不使用填充，同时设置【描边颜色】为青色，设置【描边宽度】参数为 15，如图 6-90 所示。

图 6-90

第 2 步 在菜单栏中选择【效果】→【扭曲】→ CC Lens 菜单项，为形状图形添加 CC Lens 效果，使该动画产生类似镜头的效果，然后设置 Size 值为 20，并开启其自动关键帧，如图 6-91 所示。

图 6-91

第 3 步 将时间指示器移动到第 2 秒处，并设置 Size 值为 115，按 U 键调出激活了关键帧的属性，选中所有关键帧，按 F9 键将其转换为缓动关键帧，如图 6-92 所示。

第 4 步 进入【图表编辑器】，调整左侧的控制柄，使 Size 属性的值曲线先快速上升，然后缓慢上升至平稳，如图 6-93 所示。

图 6-92

图 6-93

第 5 步 退出【图表编辑器】，在菜单栏中选择【效果】→【风格化】→【发光】菜单项，为形状图形添加发光效果，并设置【发光阈值】参数为 67%、【发光半径】参数为 50、【发光强度】参数为 2，如图 6-94 所示。

图 6-94

第 6 步 选中【形状图层 1】，按 T 键调出【不透明度】属性，将时间指示器移动到第 1 秒 20 帧处，激活其自动关键帧，然后将时间指示器移动到第 2 秒 10 帧处，设置【不透明度】参数为 0%，选中两个关键帧，按 F9 键将其转换为缓动关键帧，如图 6-95 所示。

第 7 步 将 Logo.png 拖曳到合成中，按 S 键调出【缩放】属性，并设置该属性值为 70%，并将其移动到圆形的正中央，如图 6-96 所示。

第 8 步 在菜单栏中选择【效果】→【生成】→【填充】菜单项，为 Logo.png 图层填充颜色，并设置【颜色】为青色，如图 6-97 所示。

图 6-95

图 6-96

图 6-97

第 9 步 在菜单栏中选择【效果】→【风格化】→【发光】菜单项，为 Logo.png 图层添加发光效果，并设置【发光阈值】参数为 75%、【发光半径】参数为 200、【发光强度】参数为 1，如图 6-98 所示。

第 10 步 选中 Logo.png 图层，按 T 键调出【不透明度】属性，然后将时间指示器移动到第 1 秒 20 帧处，设置该属性值为 0%，并开启其自动关键帧；将时间指示器移动到第 2 秒处，设置【不透明度】属性值为 100%，然后选中两个关键帧，按 F9 键将其转换为缓动关键帧，如图 6-99 所示。

图 6-98

图 6-99

第11步 拖动时间指示器即可查看制作的炫酷转场动画效果，如图 6-100 所示。

图 6-100

6.6 思考与练习

一、填空题

1. 使用形状工具和钢笔工具添加蒙版时，需要首先选中目标图层；当未选中任何图层或选中的不是形状图层时，则会自动创建一个包含所绘制的路径的 _____。

2. _____ 也是图形自带的属性之一，即添加形状的内容，若不使用填充，那么该形状就是一个内部没有颜色的线框。

3. _____ 是描绘形状的边线，若不使用描边，那么该图形就是一个没有线框的颜色色块。

4. 单击工具栏中的【描边】高亮文字，系统会弹出 _____ 对话框，用户可以将描边更改为渐变描边，使描边的颜色更加丰富。

二、判断题

1. 由于图层变换和形状变换可以同时对形状生效，因此用户可以同时编辑图层变换和形状变换的属性来实现一些比较复杂的变换。（　　）

2. 位移路径是通过使路径与原始路径发生位移来扩展或收缩形状。（　　）

3. 收缩和膨胀是对形状进行缩放变换，并不是对路径的顶点进行变换。（　　）

4. 中继器可以快速生成形状副本，并能灵活地设置副本与原本之间的变换关系，即第1个副本在原本的基础上进行一次变换，之后的副本则在该副本的基础上再变换一次，以此类推。（　　）

5. 圆角控制的是路径转角处的圆度，【半径】的值越大，则圆度越小。（　　）

三、简答题

1. 如何设置渐变描边？
2. 如何为形状图层添加路径效果？

第7章
文字动画

本章主要介绍编辑输入文字、编辑文本、制作文本动画等方面的知识与技巧，在本章的最后还针对实际的工作需求，讲解一些制作文字动画的案例。通过对本章内容的学习，读者可以掌握文字动画方面的知识，为深入学习 MG 动画设计与制作知识奠定基础。

7.1　编辑输入文字

在制作 MG 动画中，文字不仅担负着补充画面信息和媒介交流的职责，而且是设计师们常常用来进行视觉设计的辅助元素。文本可以分为点文本和段落文本两种类型，其中每一种文本类型的排列形式又可以分为横排和直排两种类型。用户可以通过设置【段落】和【字符】面板中的属性轻松地为文本添加颜色、描边等效果，或进行一些排版。

7.1.1　点文本

点文本是少量横排或直排的文本，用于制作少量的文字。在 After Effects 中，点文本的每一行都是相互独立的，随着文字的增加或减少，After Effects 会自动调整行的长度而不会自动换行。文本通过文字工具组中的工具添加,其中包含【横排文字工具】和【直排文字工具】，分别用于创建横向和竖向的文字，如图 7-1 所示。

图 7-1

使用文字工具后，将光标放置在合成预览区域时会变为 形状，在目标位置处单击，即可进入文本编辑模式，同时会新建一个文本图层，如图 7-2 所示。

图 7-2

📓 知识拓展

在默认状态下，单击【文字工具】按钮 将建立横向排列的文字；如果需要建立竖向排列的文字，可以长按鼠标左键，在弹出的工具组中选择【直排文字工具】 。

输入文本后，用户通过选择其他工具，或单击其他面板，即可结束文本编辑模式，这时文本图层会根据输入的文本自动命名，如图 7-3 所示。

图 7-3

知识拓展

在【时间轴】面板的空白处右击，在弹出的快捷菜单中选择【新建】→【文本】菜单项，也可以快速新建一个文本。

7.1.2 段落文本

段落文本是大量横排或直排的文本，用于制作正文类的大段文字动画。使用文字工具后，将光标放在合成预览区域时会变为 形状，在目标位置处按住鼠标左键并拖曳即可创建一个定界框，同时会进入文本编辑模式，并新建一个文本图层，如图 7-4 所示。

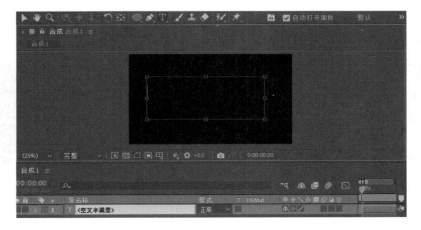

图 7-4

段落文本与点文本不同，当文本长度超过定界框的范围时会自动换行，最后一行的文字超出范围后将不再显示。定界框的大小可以随时更改，此时文本也会随着定界框的改变而重新排列，如图 7-5 所示。

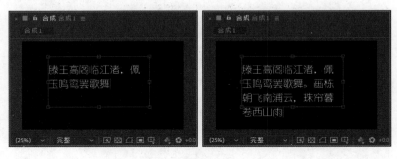

图 7-5

与点文本的创建过程相同，输入段落文本后，用户可以通过选择其他工具，或单击其他面板结束文本编辑模式。

知识拓展

激活文字工具后，在【合成】面板中任意空白处右击，在弹出的快捷菜单中选择【转换为点文本】或【转换为段落文本】菜单项，即可对文本的类型进行转换。需要注意的是，在段落文本转换为点文本后，位于定界框之外的字符都将被删除，为了避免丢失文本，最好事先调整定界框的大小，使所有文字都在定界框范围内。

7.1.3 段落和字符

新建文本图层后，选中某一文本图层或图层中的部分文本，用户可以通过【段落】面板和【字符】面板中的功能来编辑文本的段落和字符属性。

1. 【段落】面板

在【段落】面板中可以设置文本的对齐方式和缩进大小。【段落】面板如图 7-6 所示。

（1）对齐方式

在【段落】面板中一共包含 7 种文本对齐方式，分别为居左对齐文本、居中对齐文本、居右对齐文本、最后一行左对齐、最后一行居中对齐、最后一行右对齐和两端对齐，如图 7-7 所示。

图 7-6

如图 7-8 所示为设置对齐方式为居左对齐文本和居右对齐文本的对比效果。

图 7-7

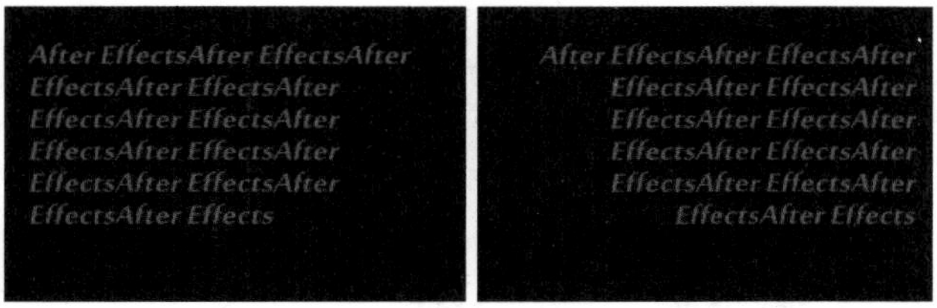

图 7-8

（2）段落缩进和边距设置

在【段落】面板中包括缩进左边距、缩进右边距和首行缩进 3 种段落缩进方式，包括段前添加空格和段后添加空格两种设置边距方式，如图 7-9 所示。

如图 7-10 所示为设置段落缩进和边距参数的前后对比效果。

图 7-9

图 7-10

2. 【字符】面板

在创建文字后，用户可以在【字符】面板中对文字的字体系列、字体样式、填充颜色、描边颜色、字体大小、行距、两个字符间的字偶间距、所选字符间距、描边宽度、描边类型、垂直缩放、水平缩放、基线偏移、所选字符比例间距和字体类型进行设置。字符面板如图 7-11 所示。

下面将详细介绍【字符】面板中主要的参数说明。

- 【字体系列】：在【字体系列】下拉列表框中可以选择所需应用的字体类型，如图 7-12 所示。在选择某一字体后，当前所选文字即应用该字体，如图 7-13 所示。

图 7-11

- 【字体样式】：设置【字体系列】后，有些字体还可以对其样式进行选择。在【字体样式】下拉列表中可以选择所需应用的字体样式，如图 7-14 所示。在选择某一字体后，当前所选文字即应用该字体样式。如图 7-15 所示为同一字体系列，不同字体样式的对比效果。

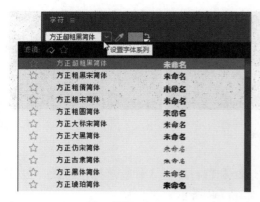

图 7-12

图 7-13

图 7-14

图 7-15

- 【填充颜色】：单击【填充颜色】色块，在弹出的【文本颜色】对话框中可设置合适的文字颜色，也可以使用【吸管工具】直接吸取所需颜色，如图 7-16 所示。如图 7-17 所示为设置不同【填充颜色】的文字对比效果。

图 7-16

图 7-17

- 【描边颜色】 ☐：单击【描边颜色】色块，在弹出的【文本颜色】对话框中可设置合适的文字描边颜色，也可以使用【吸管工具】 ☑直接吸取所需颜色，如图 7-18 所示。

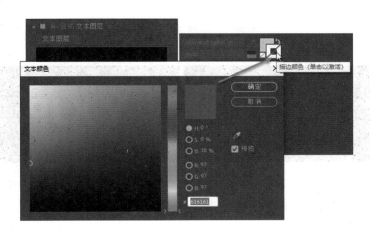

图 7-18

- 【字体大小】 T：可以在【字体大小】下拉列表中选择预设的字体大小，也可以在
  数值处按住鼠标左键并左右拖曳或在数值处单击直接输入数值。如图 7-19 所示为【字
  体大小】值为 50 和 200 的对比效果。

图 7-19

- 行距 A：用于段落文字，设置行距数值可调节行与行之间的距离。如图 7-20 所示为
  设置【行距】值为 60 和 220 的对比效果。

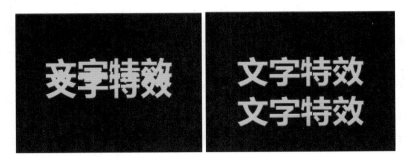

图 7-20

- 【两个字符间的字偶间距】：设置所选字符的字符间距，如图 7-21 所示为设置【字符间距】值为 -100 和 200 的对比效果。

图 7-21

- 【描边宽度】：设置描边的宽度。如图 7-22 所示为设置【描边宽度】值为 15 和 40 的对比效果。

图 7-22

- 【描边类型】：单击【描边类型】下拉菜单可设置描边类型。如图 7-23 所示为选择不同描边类型的对比效果。

图 7-23

- 垂直缩放：可以垂直拉伸文本。
- 水平缩放：可以水平拉伸文本。
- 基线偏移：可以上下平移所选字符。
- 所选字符比例间距：设置所选字符之间的比例间距。
- 字体类型：设置字体类型，包括【仿粗体】、【仿斜体】、【全部大写字体】、【小型大写字母】、【上标】和【下标】。如图 7-24 所示为选择【仿粗体】和【仿斜体】的对比效果。

图 7-24

7.1.4 实战——制作斜面字效果

本例将首先创建一个文本图层，然后输入文本，为文本添加"斜面Alpha"效果，并为文本图层设置动画关键帧，从而完成斜面字动画效果。

<< 扫码获取配套视频课程，本节视频课程播放时长约为 56 秒。

配套素材路径：配套素材\第7章
素材文件名称：制作斜面字素材.aep

操作步骤   Step by Step

第 1 步 打开本例的素材文件"制作斜面字素材 .aep"，加载合成，在【时间轴】面板中右击，然后在弹出的快捷菜单中选择【新建】→【文本】菜单项，如图 7-25 所示。

图 7-25

第2步 在【合成】窗口中输入文字，设置字体、字体样式、字体大小，并设置字体颜色为粉色，如图 7-26 所示。

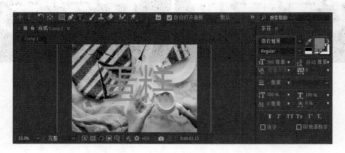

图 7-26

第3步 选中文本图层，然后在菜单栏中选择【效果】→【透视】→【斜面 Alpha】菜单项。将时间指示器拖曳到起始帧的位置，展开文本图层下的【效果】属性组，开启【边缘厚度】和【灯光强度】的动画关键帧，并设置边缘厚度为 0、灯光强度为 0；然后将时间指示器拖曳到结束帧的位置，设置边缘厚度为 10、灯光强度为 0.3，如图 7-27 所示。

图 7-27

第5步 拖动时间指示器即可查看最终制作的斜面字效果，如图 7-28 所示。

图 7-28

7.2 编 辑 文 本

之前介绍过的编辑图层属性的操作，同样适用于文字图层，本节将详细介绍如何编辑文字图层，包括选中文字、动态文本、文字路径等相关知识及操作方法。

7.2.1 选中文字

将光标放置在合成预览区域中的文本上时，会变为编辑文本图标Ｉ，拖曳鼠标即可选中特定的文字，被选中的文字将高亮显示，如图 7-29 所示。

图 7-29

如果用户想要快速选择大段的文字，那么可以先在起点或终点处单击，然后按住 Shift 键并单击终点或起点处，即可快速选中起点和终点之间的所有文字，如图 7-30 所示。

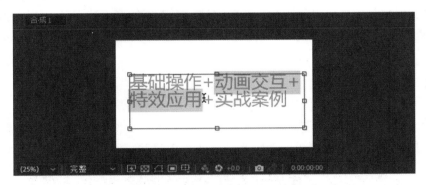

图 7-30

7.2.2 动态文本

文本的内容实际是由文字图层中【源文本】属性决定的，除了可以直接在合成预览中编辑文字，还可以通过修改【源文本】属性的值来修改文本内容，这样就不用多次创建文字图层了。如图 7-31 所示，用户可以通过对【源文本】属性添加关键帧或表达式，实现动态文本效果。

动态文本可以在同一个文字图层中实现不同数值的变化，例如将 1 变成 2，但是【源文本】无法像其他属性一样实现平滑的过渡，例如在第 0 秒处输入 1%，在第 2 秒处输入 5%，并不会产生由 1% 变成 5% 的过程，而是从 1% 直接跳到 5%，如图 7-32 所示。

图 7-31

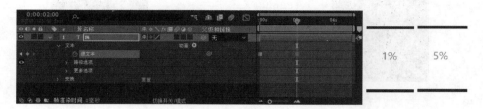

图 7-32

【源文本】属性的关键帧均为方形的定格关键帧。要想实现上述效果，就需要为【源文本】设置关键帧，保持每隔一段时间添加一个关键帧。由于不能形成补间动画，因此在添加关键帧的同时还需要在【合成】面板中修改数值，这时动画中的数字就会根据设置的关键帧实现跳转。

7.2.3 文字路径

设置文字图层下的【路径选项】属性可以让文字沿某一路径排列。选中文字图层后，使用【钢笔工具】 绘制一条简单的曲线路径，如图 7-33 所示。

图 7-33

然后用户可以为【路径】添加【蒙版 1】路径，这时文本将按【蒙版 1】路径排列，如图 7-34 所示。

图 7-34

为文字图层添加了蒙版路径后，可以看到在【路径选项】下出现 5 个新的属性，如图 7-35 所示。

图 7-35

下面详细介绍一些重要的参数。

- 反转路径：其作用是调整路径的方向，使文字从相反的方向开始排列，如图 7-36 所示。

图 7-36

- 垂直于路径：它默认为【开】，此时字符与路径垂直。当设置为【关】时，文本则按照原本的方向显示，如图 7-37 所示。

图 7-37

• 强制对齐：它默认为【关】，当设置为【开】时，字符间距将被调整至使文本排满整条路径，此时可以结合【首字边距】和【末字边距】属性调整首端和末端的间距，如图 7-38 所示。

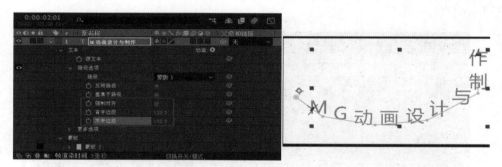

图 7-38

7.2.4 实战——制作路径文字动画效果

本例将首先创建一个文本图层，然后输入文本，接着使用【钢笔工具】绘制一个曲线遮罩，最后设置【首字边距】动画关键帧，从而完成路径文字效果。

<< 扫码获取配套视频课程，本节视频课程播放时长约为 58 秒。

配套素材路径：配套素材\第7章
素材文件名称：制作路径文字动画素材.aep

操作步骤

Step by Step

第 1 步 打开本例的素材文件"制作路径文字动画素材 .aep"，加载合成，在【时间轴】面板中右击，在弹出的快捷菜单中选择【新建】→【文本】菜单项，如图 7-39 所示。

第 2 步 在【合成】窗口中输入文字"蒲公英音乐节"，设置字体、字体大小，并设置字体颜色为褐色，单击【粗体】按钮 **T**，如图 7-40 所示。

第 3 步　选择【钢笔工具】 ，在文字图层上绘制一个曲线遮罩，如图 7-41 所示。

图 7-39

图 7-40

图 7-41

第4步 打开文字图层下的路径选项，设置【路径】为"蒙版 1"，将时间指示器移动到起始帧位置处，开启【首字边距】的自动关键帧，设置首字边距为 -1158，最后将时间指示器移动到第 4 秒 20 帧的位置，设置首字边距为 0，如图 7-42 所示。

图 7-42

第5步 拖动时间指示器即可查看最终制作的路径文字动画效果，如图 7-43 所示。

图 7-43

 知识拓展

首字边距的参数解释：设置第 1 个文字相对于路径起点处的位置，单位为像素。

7.3 制作文本动画

After Effects 软件的文字图层具有丰富的属性，通过设置属性和添加效果，可以制作出丰富多彩的文字特效，使得影片画面更加鲜活，更具有生命力。文本动画制作器是 After Effects 自带的文本动画制作工具，可以快速地实现一些文字动画效果。本节将详细介绍制作文本动画的相关知识及操作方法。

7.3.1 文本动画制作工具

使用【源文本】属性可以对文字的内容、段落格式等属性制作动画，不过这种动画只能是突变性的动画，片长较短的视频字幕可使用此方法来制作。创建一个文字图层以后，使用动画制作工具功能可以快速地创建出复杂的动画效果，一个动画制作工具组中可以包含一个或多个动画选择器及动画属性，如图 7-44 所示。

图 7-44

7.3.2 设置动画属性

单击【动画】选项后面的 ⊙ 按钮，即可打开【动画属性】列表，动画属性主要用来设置文字动画的主要参数，所有的动画属性都可以单独对文字产生动画效果，如图 7-45 所示。

下面将详细介绍【动画属性】列表中的选项。

- 启用逐字 3D 化：控制是否开启三维文字功能。如果开启了该功能，在文字图层属性中将新增一个"材质选项"用来设置文字的漫反射、高光，以及是否产生阴影等效果，同时"变换"属性也会从二维变换属性转换为三维变换属性。
- 锚点：用于制作文字中心定位点的变换动画。
- 位置：用于制作文字的位移动画。
- 缩放：用于制作文字的缩放动画。
- 倾斜：用于制作文字的倾斜动画。
- 旋转：用于制作文字的旋转动画。
- 不透明度：用于制作文字的不透明度变化动画。
- 全部变换属性：将所有的属性一次性添加到动画制作工具中。
- 填充颜色：用于制作文字的颜色变化动画，包括 RGB、色相、饱和度、亮度和不透明度 5 个选项，如图 7-46 所示。
- 描边颜色：用于制作文字描边的颜色变化动画，包括 RGB、色相、饱和度、亮度、不透明度 5 个选项，如图 7-47 所示。

图 7-45

图 7-46

图 7-47

- 描边宽度：用于制作文字描边粗细的变化动画。
- 字符间距：用于制作文字之间的间距变化动画。
- 行锚点：用于制作文字的对齐动画。值为 0% 时，表示左对齐；值为 50% 时，表示居中对齐；值为 100% 时，表示右对齐。
- 行距：用于制作多行文字的行距变化动画。
- 字符位移：按照统一的字符编码标准（即 Unicode 标准）为选择的文字制作偏移动画。比如设置英文 Bathell 的"字符位移"为 5，那么最终显示的英文就是 gfymjqq（按字母表顺序从 b 往后数，第 5 个字母是 g；从字母 a 往后数，第 5 个字母是 f，以此类推），如图 7-48 所示。

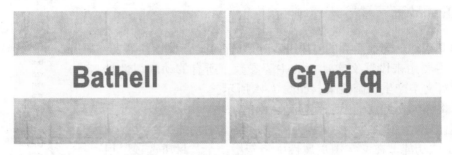

图 7-48

- 字符值：按照 Unicode 文字编码形式将设置的"字符值"所代表的字符统一将原来的文字进行替换。比如设置"字符值"为 100，那么使用文字工具输入的文字都将以字母 d 进行替换，如图 7-49 所示。

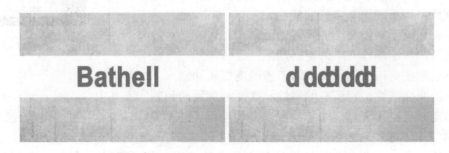

图 7-49

- 模糊：用于制作文字的模糊动画，用户可以单独设置文字在水平和垂直方向的模糊数值。

7.3.3 动画选择器

每个动画制作工具组中都包含一个"范围选择器"，用户可以在一个动画制作工具组中继续添加选择器，或者在一个选择器中添加多个动画属性。如果在一个动画制作工具组中添加了多个选择器,那么可以在这个动画选择器中对各个选择器进行调节,以控制各个选择器之间相互作用的方式。

添加选择器的方法是在【时间轴】面板中选择一个动画制作工具组,然后在其右边的【添加】选项后面单击■按钮,接着在弹出的列表中选择需要添加的选择器,包括范围选择器、摆动选择器和表达式选择器 3 种,如图 7-50 所示。

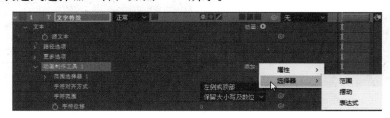

图 7-50

1. 范围选择器

范围选择器可以使文字按照特定的顺序进行移动和缩放,如图 7-51 所示。

图 7-51

下面详细介绍范围选择器中的参数选项。

- 起始:用于设置选择器的起始位置,与字符、词或行的数量及【单位】和【依据】选项的设置有关。
- 结束:用于设置选择器的结束位置。
- 偏移:用于设置选择器的整体偏移量。
- 单位:用于设置选择范围的单位,有百分比和索引两种,如图 7-52 所示。

图 7-52

- 依据：用于设置选择器动画的基于模式，有字符、不包含空格的字符、词、行 4 种，如图 7-53 所示。
- 模式：用于设置多个选择器范围的混合模式，有相加、相减、相交、最小值、最大值和差值 6 种模式，如图 7-54 所示。

图 7-53   图 7-54

- 数量：用于设置"属性"动画参数对选择器文字的影响程度。0% 表示动画参数对选择器文字没有任何作用，50% 表示动画参数只能对选择器文字产生一半的影响。
- 形状：用于设置选择器边缘的过渡方式，包括正方形、上斜坡、下斜坡、三角形、圆形和平滑 6 种方式。
- 平滑度：在设置【形状】选项为正方形方式时，该选项才起作用，它决定了一个字符到另一个字符过渡的动画时间。
- 缓和高：用于特效缓入设置。例如，当设置缓和高为 100% 时，文字从完全选择状态进入部分选择状态的过程就很平稳；当设置缓和高为 –100% 时，文字从完全选择状态进入部分选择状态的过程就会很快。
- 缓和低：用于原始状态缓出设置。例如，当设置缓和低为 100% 时，文字从部分选择状态进入完全不选择状态的过程就很平缓；当设置缓和低为 –100% 时，文字从部分选择状态进入完全不选择状态的过程就会很快。
- 随机排序：用于决定是否启用随机设置。

2. 摆动选择器

使用摆动选择器可以让选择器在指定的时间段产生摇摆动画，如图 7-55 所示。

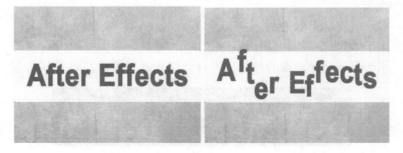

图 7-55

摆动选择器参数选项，如图 7-56 所示。

图 7-56

下面详细介绍摆动选择器中的参数选项。

- 模式：用于设置摆动选择器与其上层选择器之间的混合模式，类似于多重遮罩的混合设置。
- 最大量和最小量：用于设定选择器的最大 / 最小变化幅度。
- 依据：用于选择文字摇摆动画的基于模式，有字符、不包含空格的字符、词、行 4 种模式。
- 摆动 / 秒：用于设置文字摇摆的变化频率。
- 关联：用于设置每个字符变化的关联性。当其值为 100% 时，所有字符在相同时间内的摆动幅度都是一致的；当其值为 0% 时，所有字符在相同时间内的摆动幅度都互不影响。
- 时间相位和空间相位：用于设置字符基于时间还是基于空间的相位大小。
- 锁定维度：用于设置是否让不同维度的摆动幅度拥有相同的数值。
- 随机植入：用于设置随机的变数。

3. 表达式选择器

在使用表达式时，可以很方便地使用动态方法来设置动画属性对文本的影响范围。可以在一个动画制作工具组中使用多个表达式选择器，并且每个选择器也可以包含多个动画属性，如图 7-57 所示。

图 7-57

下面详细介绍表达式选择器中的参数选项。

- 依据：用于设置选择器的基于方式，有字符、不包含空格的字符、词、行 4 种模式。
- 数量：用于设定动画属性对表达式选择器的影响范围。0% 表示动画属性对选择器文字没有任何影响，50% 表示动画属性对选择器文字有一半的影响。

7.3.4 实战——制作文字渐隐的效果

使用动画制作工具组配合文字工具是创建文字动画最主要的方式。通过设置动画制作工具组中的【不透明度】属性及范围选择器的【结束】属性来制作文字渐隐的动画效果。下面详细介绍制作文字渐隐效果的操作方法。

<< 扫码获取配套视频课程，本节视频课程播放时长约为 52 秒。

配套素材路径：配套素材\第7章
素材文件名称：制作文字渐隐素材.aep

操作步骤   Step by Step

第1步 打开本例的素材文件"制作文字渐隐素材 .aep"，使用【横排文字工具】 T 输入"文字渐隐"字样，如图 7-58 所示。

第2步 单击【动画】选项后面的 ◯ 按钮，然后在弹出的列表中选择【不透明度】选项，如图 7-59 所示。

图 7-58

图 7-59

第3步 将动画制作工具组中的【不透明度】属性设置为 0%，使文字层完全透明，如图 7-60 所示。

第4步 在准备添加渐隐效果的开始位置，将范围选择器的【结束】属性设置为 0%，并将其记录为关键帧，如图 7-61 所示。

图 7-60

图 7-61

第 5 步 向右拖曳时间指示器，在渐隐效果的结束位置将【结束】属性设置为 100%，会自动生成关键帧，如图 7-62 所示。

图 7-62

第 6 步 拖动时间指示器即可查看制作好的文字渐隐效果，如图 7-63 所示。

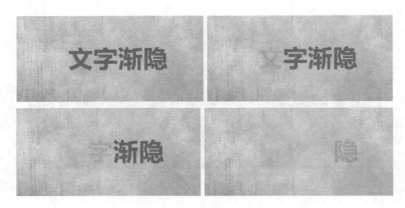

图 7-63

7.4 实战案例与应用

　　本节将通过一些范例应用，如制作文字蒙版动画、制作网格文字动画、制作渐变文字动画、制作可爱气泡框对话动画、制作文字随机摆动动画等，练习上机操作，以达到文字动画知识巩固学习、拓展提高的目的。

7.4.1 制作文字蒙版动画

　　　　通过本例的学习，读者可以掌握【从文字创建蒙版】属性来制作文字遮罩动画。下面详细介绍制作文字蒙版动画的操作方法。

　　　　　　　　《《 扫码获取配套视频课程，本节视频课程播放时长约为 52 秒。

　配套素材路径：配套素材\第7章
　　　　素材文件名称：文字蒙版.aep

操作步骤　　　　　　　　　　　　　　　　　　　　　　　　　Step by Step

第 1 步　打开本例的素材文件"文字蒙版.aep"，选择【古建筑历史】文字图层，在菜单栏中选择【图层】→【创建】→【从文字创建蒙版】菜单项，如图 7-64 所示。

第 2 步　创建蒙版后，在菜单栏中选择【效果】→【生成】→【描边】菜单项，如图 7-65 所示。

图 7-64

图 7-65

第 3 步 打开【效果控件】面板,设置【描边】效果的相关参数, 如图 7-66 所示。

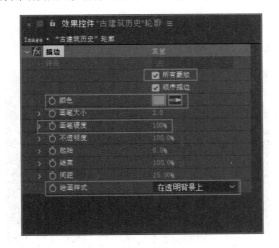

图 7-66

第 4 步 为【描边】效果的【结束】属性设置自动关键帧, 在第 0 帧处, 设置【结束】参数为 0%; 在第 4 秒处, 设置【结束】参数为 100%, 如图 7-67 所示。

图 7-67

第 5 步 拖动时间指示器即可查看制作好的文字蒙版动画效果, 如图 7-68 所示。

图 7-68

7.4.2 制作网格文字动画

本例将首先创建一个文本图层，然后输入设置文本，接着新建一个纯色图层制作网格图层，最后为网格图层设置效果动画关键帧，从而完成网格文字动画效果。

＜＜ 扫码获取配套视频课程，本节视频课程播放时长约为 1 分 35 秒。

 配套素材路径：配套素材\第7章
素材文件名称：制作网格文字素材.aep

操作步骤 Step by Step

第1步 打开本例的素材文件"制作网格文字素材.aep"，加载合成，在【时间轴】面板中右击,在弹出的快捷菜单中选择【新建】→【文本】菜单项，如图 7-69 所示。

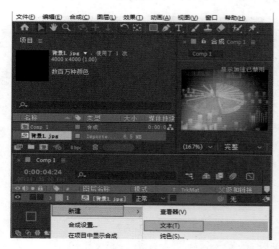

图 7-69

第2步 在【合成】窗口中输入文字"A"，设置字体、字体样式、字体大小，并设置字体颜色为粉色，设置描边颜色为白色，设置描边类型为【在描边上填充】，设置描边大小为 55，如图 7-70 所示。

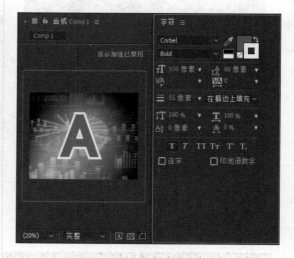

图 7-70

第3步 在菜单栏中选择【图层】→【新建】→【纯色】菜单项,打开【纯色设置】对话框，设置【名称】为"网格",设置【宽度】和【高度】值分别为 1024 和 768，设置【颜色】为黑色，单击【确定】按钮，如图 7-71 所示。

第4步 选中【网格】图层，然后在菜单栏中选择【效果】→【生成】→【网格】菜单项，添加网格效果，设置【大小依据】为"宽度滑块",设置【宽度】值为 15,如图 7-72 所示。

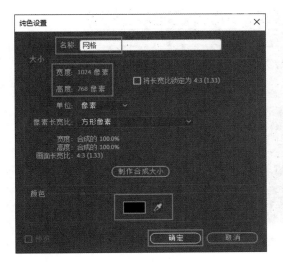

图 7-71

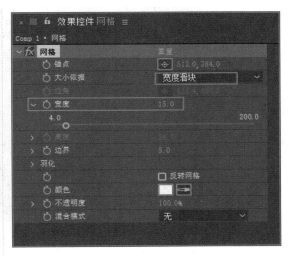

图 7-72

第 5 步 将【网格】图层拖曳到文字图层的下方，并设置【轨道遮罩】为 "Alpha 遮罩"，如图 7-73 所示。

第 6 步 选择【时间轴】面板中的 A 图层，复制出【A 2】图层，并将其拖曳到【网格】图层的下方，如图 7-74 所示。

图 7-73

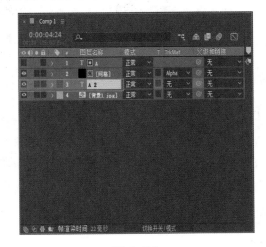

图 7-74

第 7 步 打开【网格】图层下方的网格效果，开启【宽度】属性的自动关键帧，将时间指示器移动到起始帧位置并设置【宽度】值为 15，然后将时间指示器移动到结束帧位置，设置【宽度】值为 60，如图 7-75 所示。

第 8 步 拖动时间指示器即可查看最终制作的网格文字动画效果，如图 7-76 所示。

图 7-75

图 7-76

7.4.3 制作渐变文字动画

本例将首先创建一个文本图层，然后输入文本，复制一个文本图层，为文本添加"梯度渐变"效果，最后为文本图层设置效果动画关键帧，从而完成渐变文字动画效果，下面详细介绍其操作方法。

<< 扫码获取配套视频课程，本节视频课程播放时长约为 1 分 16 秒。

配套素材路径：配套素材\第7章
素材文件名称：制作渐变文字素材.aep

操作步骤

Step by Step

第 1 步 打开本例的素材文件"制作渐变文字素材 .aep"，加载合成，在【时间轴】面板中右击,在弹出的快捷菜单中选择【新建】→【文本】菜单项，如图 7-77 所示。

第 2 步 在【合成】面板中输入文字"Flower"，设置字体、字体样式、字体大小等参数，并设置字体颜色为黑色，如图 7-78 所示。

图 7-77

图 7-78

第3步 选择 Flower 图层并复制出 Flower 2 图层，然后选择 Flower 2 图层，设置描边颜色为白色、描边类型为"在描边上填充"、描边大小为 25，如图 7-79 所示。

第4步 选择 Flower 图层，在菜单栏中选择【效果】→【生成】→【梯度渐变】菜单项，添加"梯度渐变"效果，接着设置渐变起点为（123,488）、渐变终点为（933,488）。将时间指示器拖曳到起始帧位置,开启【起始颜色】和【结束颜色】的自动关键帧，设置起始颜色为红色、结束颜色为蓝色；然后将时间指示器拖曳到结束帧位置，设置起始颜色为蓝色、结束颜色为红色，并将 Flower 图层移至最顶层，如图 7-80 所示。

图 7-79

图 7-80

第5步 拖动时间指示器即可查看最终制作的渐变文字动画效果，如图 7-81 所示。

图 7-81

7.4.4 制作可爱气泡框对话动画

本例将首先在气泡框中输入文本，然后为文本添加【不透明度】和【模糊】动画效果，最后为文本图层设置动画关键帧，从而完成可爱气泡框对话动画。

<< 扫码获取配套视频课程，本节视频课程播放时长约为 1 分 22 秒。

配套素材路径：配套素材\第7章
素材文件名称：制作可爱气泡框对话素材.aep

操作步骤   Step by Step

第 1 步 打开本例的素材文件"制作可爱气泡框对话素材.aep"，使用【横排文字工具】 ，分别在第 1 个气泡框和第 2 个气泡框中输入"在吗？晚上看电影去呀！""好呀！晚上见！"字样，并设置文字字体、字体大小、字体颜色，如图 7-82 所示。

图 7-82

第 2 步 选中【好呀！晚上见！】图层，单击【文本】右侧的【动画】按钮 ，选择【不透明度】选项，如图 7-83 所示。

图 7-83

第 3 步 选中【好呀！晚上见！】图层，单击【文本】右侧的【动画】按钮 ，选择【模糊】选项，如图 7-84 所示。

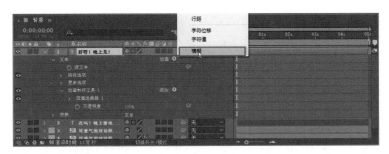

图 7-84

第 4 步 激活【动画制作工具 1】→【范围选择器】中的【起始】和【不透明度】自动关键帧，并设置【随机排序】为"开"，如图 7-85 所示。

第 5 步 激活【动画制作工具 2】→【范围选择器】中的【起始】和【模糊】自动关键帧，并设置【随机排序】为"开"，如图 7-86 所示。

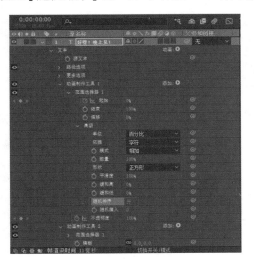

图 7-85

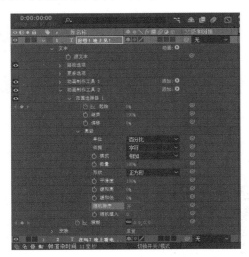

图 7-86

第6步 按 U 键调出激活了关键帧的属性，将时间指示器移动到起始帧位置，设置【不透明度】参数为 0%、【模糊】参数为 20，如图 7-87 所示。

图 7-87

第7步 将时间指示器移动到第 3 秒处，设置两个选择器中的【起始】属性为 100%，设置【不透明度】参数为 100%、【模糊】参数为 0，如图 7-88 所示。

图 7-88

第8步 拖动时间指示器即可查看制作的可爱气泡框对话动画效果，如图 7-89 所示。

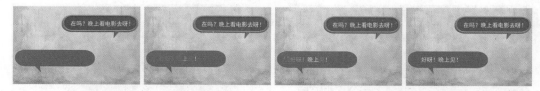

图 7-89

7.4.5 制作文字随机摆动动画

本例将首先在播放界面框中输入文本，然后为文本添加【旋转】和【摆动】动画效果，并设置相关参数，最后为文本图层设置动画关键帧，从而完成文字随机摆动动画。

《《 扫码获取配套视频课程，本节视频课程播放时长约为 57 秒。

配套素材路径：配套素材\第7章
素材文件名称：制作文字随机摆动动画素材.aep

操作步骤 Step by Step

第1步 打开本例的素材文件"制作文字随机摆动动画素材.aep"，使用【横排文字工具】
在播放界面框中输入"小企鹅，跳起来！"字样，并设置文字字体、字体大小、字体颜色，
如图7-90所示。

图 7-90

第2步 选中【小企鹅，跳起来！】图层，单击【文本】右侧的【动画】按钮，选择【旋转】
选项，如图7-91所示。

图 7-91

第3步 添加了【旋转】属性的动画制作器后，设置【旋转】为0x+35°。单击【动画制作
工具1】右侧的【添加】按钮并选择【选择器】→【摆动】选项，如图7-92所示。

图 7-92

第4步 添加了【摆动】属性的动画选择器后，设置【摆动/秒】参数为 1，【关联】参数为 30%，如图 7-93 所示。

图 7-93

第5步 激活【摆动选择器 1】中的【旋转】自动关键帧，然后将时间指示器移动到第 3 秒处，设置【旋转】为 0x+0°，如图 7-94 所示。

图 7-94

第6步 拖动时间指示器即可查看制作的文字随机摆动动画，如图 7-95 所示。

图 7-95

7.5 思考与练习

一、填空题

1. 在制作 MG 动画中，_____ 不仅担负着补充画面信息和媒介交流的职责，而且是设计师常常用来进行视觉设计的辅助元素。

2. 文本通过文字工具组中的工具添加，其中包含【横排文字工具】和【直排文字工具】，分别用于创建 _____ 和 _____ 的文字。

3. 输入文本后，用户可以通过选择其他工具，或单击其他面板，即可 _____ 文本编辑模式，这时文本图层会根据输入的文本自动命名。

4. _____ 是大量横排或直排的文本，用于制作正文类的大段文字动画。

5. 在【段落】面板中一共包含 7 种文本对齐方式，分别为居左对齐文本、居中对齐文本、_____、最后一行左对齐、最后一行居中对齐、最后一行右对齐和 _____。

6. 如果用户想要快速选择大段的文字，那么可以先在起点或终点处单击，然后按住 Shift 键并单击终点或起点处，即可快速选中 _____ 和 _____ 之间的所有文字。

7. 文本的内容实际是由文字图层中【源文本】属性决定的，除了可以直接在合成预览中编辑文字，还可以通过修改 _____ 的值来修改文本内容，这样就不用多次创建文字图层了。

8. 【源文本】属性的关键帧均为方形的 _____。

9. 范围选择器可以使文字按照特定的顺序进行 _____ 和 _____。

10. 使用 _____ 可以让选择器在指定的时间段产生摇摆动画。

二、判断题

1. 在 After Effects 中，点文本的每一行都是相互独立的，随着文字的增加或减少，After Effects 会自动调整行的长度而会自动换行。　　　　　　　　　　　　　　（　　）

2. 用户可以通过设置【段落】和【字符】面板中的属性轻松地为文本添加颜色、描边等效果，或进行一些排版。　　　　　　　　　　　　　　　　　　　　　（　　）

3. 段落文本与点文本不同，当文本长度超过定界框的范围时会自动换行，最后一行的文字超出范围后将不再显示。定界框的大小不可以随时更改，此时文本也会随着定界框的改

变而重新排列。　　　　　　　　　　　　　　　　　　　　　　　　　　　　　（　　）

4. 新建文本图层后，选中某一文本图层或图层中的部分文本，用户可以通过【段落】面板和【字符】面板中的功能来编辑文本的段落和字符属性。　　　　　　　　　（　　）

5. 用户可以在【字符】面板中对文字的字体系列、字体样式、填充颜色、描边颜色、字体大小、行距、两个字符间的字偶间距、所选字符间距、描边宽度、描边类型、垂直缩放、水平缩放、基线偏移、所选字符比例间距和字体类型进行设置。　　　　　　　　　（　　）

6. 单击【描边颜色】色块，在弹出的【文本颜色】对话框中可设置合适的文字描边颜色，也可以使用【吸管工具】直接吸取所需颜色。　　　　　　　　　　　　　　　　（　　）

7. 动态文本可以在同一个文字图层中实现不同数值的变化，例如将 1 变成 2，但是【源文本】无法像其他属性一样实现平滑的过渡，例如在第 0 秒处输入 1%，在第 2 秒处输入 5%，并不会产生由 1% 变成 5% 的过程，而是从 1% 直接跳到 5%。　　　　　　（　　）

8. 使用【源文本】属性可以对文字的内容、段落格式等属性制作动画，不过这种动画只能是突变性的动画，片长较长的视频字幕可使用此方法来制作。　　　　　　　（　　）

9. 每个动画制作工具组中都包含一个"范围选择器"，用户可以在一个动画制作工具组中继续添加选择器，或者在一个选择器中添加多个动画属性。　　　　　　　　（　　）

10. 可以在一个动画制作工具组中使用多个表达式选择器，并且每个选择器也可以包含多个动画属性。　　　　　　　　　　　　　　　　　　　　　　　　　　　　（　　）

三、简答题

1. 如何创建段落文本？

2. 如何选中创建的文本内容？如何快速选中文本？

第 8 章

物体运动动画

本章主要介绍运动状态、运动时间、匹配运动与配音等方面的知识与技巧，在本章的最后还针对实际的工作需求，讲解一些制作物体运动动画的案例。通过对本章内容的学习，读者可以掌握物体运动动画方面的知识，为深入学习 MG 动画设计与制作知识奠定基础。

8.1 运动状态

除了添加图形元素和设置关键帧外，制作 MG 动画还有一个关键步骤就是调整动画的速度。如果所有的元素都是匀速变化的，那么动画效果就会显得缺乏一些真实感。为了制作出生动的 MG 动画效果，用户就需要了解和掌握 MG 动画元素的运动状态。

8.1.1 运动曲线和运动速度

在现实世界中，几乎没有任何运动是绝对匀速的，可以说变速运动是物理运动的一种主要表现形式。在动画制作过程中，为了能够达到更为真实的动画效果，需要将动画调节为变速状态，这样更符合观众的常规认知。

1. 运动曲线

如果想要查看制作动画元素的运动速度，一般是通过查看速度曲线和值曲线来观察元素的运动状态。值曲线和速度曲线是指在【图表编辑器】中值图表和速度图表中的曲线，如图 8-1 和图 8-2 所示。通过这两条曲线，用户可以观察元素在时间轴上的位置，从而掌握速度随着时间的变化程度。

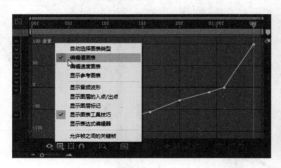
图 8-1

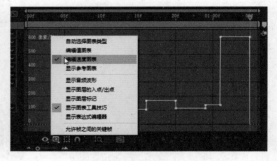
图 8-2

2. 运动速度

不同的运动速度所显示的动画效果是不同的，合适的运动速度能够大大提升画面的观赏效果。只是简单地使用几个菱形关键帧制作出的动画，观赏效果一般都不太好，用户可以通过一些技巧，快速制作出更加灵动的 MG 动画。

（1）随机性

对于由多个元素组成的 MG 动画来说，尽量不要让每个元素的运动状态都相同。通过让每个元素在运动速度、方向、大小或起始时间不同来为动画添加一些随机性，从而增加画面的丰富性，避免让观众产生一成不变的观感。如图 8-3 所示人物周围的农产品、树木等图案都是零散分布的，这样的画面才不会显得单调。

图 8-3

（2）惯性

物体保持静止状态或匀速直线运动状态的性质，称为惯性。惯性也可以理解为物体不会在速度的方向和大小上发生突变。与非匀速运动相同，具有惯性的元素在运动时往往比速度突变的元素更加有趣且真实。如图 8-4 所示，车辆运动状态应该是从静止状态启动再驶离，而不是从静止状态直接变为快速运动的状态。

图 8-4

（3）弹性

弹性同惯性一样，也是一种物理性质，是指物体发生形变后，能恢复原来大小和形状的性质。如图 8-5 所示，小球在落地弹起后发生弹性形变，这种变化使动画更加真实且生动。

图 8-5

8.1.2 运动的启动与停止

制作的 MG 动画应该能让观众感受到运动的快慢、方向、启动和停止。读者可以从由慢渐快启动、缓速停止、回弹停止以及弹性停止这几个方面来具体了解运动的启动与停止。

1. 由慢渐快启动

由慢渐快启动类运动在视觉上一般表现为前一个阶段运动缓慢，后一阶段运动迅速。它的优点是速度变化平滑，在快速阶段能够很好地吸引观众的注意力，缺点是慢速阶段较为枯燥。此外，运动结束时由高速直接转换为静止是不符合物体的惯性规律的。

2. 缓速停止

缓速停止与由慢渐快启动完全相反，缓速停止一般在以下情况中使用。
- 与其他元素运动组合，在慢速阶段时画面以其他元素运动为主。此时慢速阶段既可以增加画面的随机性，又可以平缓地将元素过渡至静止状态。
- 避免观众看到运动的快速阶段。如果将元素的运动起点设置在画面之外或将其置于其他元素的背后，又或是将缓速停止应用于转场，在开始时将元素充满整个画面。但如果为了突出画面的突发感，可以不隐藏快速阶段。

3. 回弹停止

回弹停止的优点是同时包含正负两个方向的速度，使动画的内容更为丰富，同时结尾处的回弹达到了类似过渡的效果，以至于不会使画面过分突兀。

4. 弹性停止

弹性停止一般在制作物品掉落地面的动画时使用，表现物品坠落后多次弹起最终停止的运动状态。

8.1.3 实战——制作飞机平稳降落动画

本例将首先拆分图层属性，并分别设置图层属性的参数以及关键帧，接着进入图表编辑器中，调整曲线形状，从而实现缓速停止的运动状态，最后制作飞机影子，并使用表达式使其与飞机一起运动，从而完成飞机平稳降落动画效果。

<< 扫码获取配套视频课程，本节视频课程播放时长约为 3 分 4 秒。

配套素材路径：配套素材\第8章

素材文件名称：制作飞机平稳降落素材.aep

【第1步】 打开本例的素材文件"制作飞机平稳降落素材 .aep",选中【飞机 .png】图层,按
P 键调出【位置】属性,右击,选择【单独尺寸】菜单项,如图 8-6 所示。

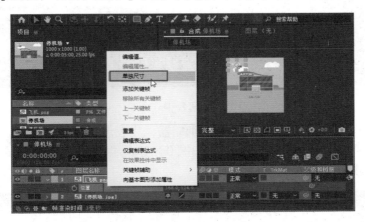

图 8-6

【第2步】 可以看到已经将其拆分为【X 位置】和【Y 位置】,开启这两个属性的自动关键帧,
如图 8-7 所示。

图 8-7

【第3步】 选择【X 位置】和【Y 位置】的关键帧,按 F9 键将其转换为缓动关键帧,然后将时
间指示器移动到第 2 秒处,设置【Y 位置】参数为 855,使飞机位于空地上,如图 8-8 所示。

图 8-8

第4步 将时间指示器移动到第 3 秒处，设置【X 位置】参数为 875，使飞机位于空地的右侧，如图 8-9 所示。

图 8-9

第5步 选中【Y 位置】属性，并进入图表编辑器，将表示开始的手柄向上方拖曳，将表示结束的手柄向左侧拖曳，将其调整为如图 8-10 所示的曲线形状，使【Y 位置】先快后慢，从而实现缓速停止的运动状态。

图 8-10

第6步 选中【X 位置】属性，按照相同的方式调节手柄，将其调整为如图 8-11 所示的曲线形状，使【X 位置】先快后慢，从而实现缓速停止的运动状态。

图 8-11

第7步 退出图表编辑器，将时间指示器移动到第 0 秒处，按 R 键调出【飞机 .png】图层的【旋转】属性，并开启其自动关键帧，然后将时间指示器移动到第 2 秒处，设置【旋转】为 0x-2°，使飞机呈水平方向运动，最后选中两个关键帧，按 F9 键将其转换为缓动关键帧，如图 8-12 所示。

图 8-12

第 8 步 使用【椭圆工具】 ，绘制一个略小于飞机的椭圆形，并设置【填充颜色】为灰色，设置【描边宽度】为 0，该椭圆形用于制作飞机的影子，将其重命名为 "飞机影子"，如图 8-13 所示。

图 8-13

第 9 步 按 P 键调出【飞机影子】图层的【位置】属性，右击并选择【单独尺寸】菜单项，将其拆分为【X 位置】和【Y 位置】，并将【飞机影子】图层移至【飞机 .png】图层下方，如图 8-14 所示。

图 8-14

第 10 步 按住 Alt 键并单击【X 位置】属性左侧的【时间变换秒表】按钮 ，激活表达式，拖曳【表达式关联器】按钮至【飞机 .png】图层中的【X 位置】属性，如图 8-15 所示。

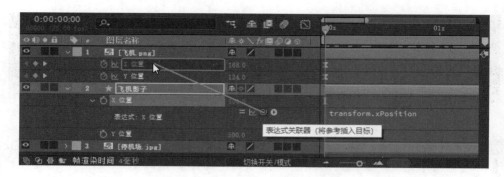

图 8-15

第11步 接着在表达式框中输入 "+value-168"，即完整的表达式为 "thisComp.layer（"飞机.png"）.transform.xPosition+value-168"，通过动态链接让影子获得飞机的【X 位置】属性值，使其始终跟随飞机一起运动，如图 8-16 所示。

图 8-16

第12步 设置【飞机影子】图层的【Y 位置】为 1305，使其位于空地上，如图 8-17 所示。

图 8-17

第13步 选中【飞机影子】图层，按 T 键调出【不透明度】属性，并设置该属性值为 65%，使影子的颜色不过分明显，如图 8-18 所示。

第14步 拖动时间指示器即可查看制作的飞机平稳降落动画，如图 8-19 所示。

图 8-18

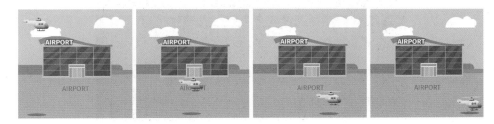

图 8-19

8.2 运 动 时 间

对于视频图层、音频图层以及合成图层这些不用添加关键帧也会随着时间变化的图层，用户还可以通过时间重映射改变素材时间的流逝速度来调整动画速度。

8.2.1 时间重映射

重置时间可以随时重新设置素材片段播放速度，它可以设置关键帧，创作出各种时间变速动画。重置时间可以应用在动态素材上，如视频素材层、音频素材层和嵌套合成等。

在【时间轴】面板中选择视频素材层，然后在菜单栏中选择【图层】→【时间】→【启用时间重映射】菜单项，或者按 Ctrl+Alt+T 快捷键，激活【时间重映射】属性，如图 8-20 所示。

图 8-20

添加【时间重映射】后会自动在视频层的入点和出点位置加入两个关键帧，入点位置关键帧记录了片段起始帧时间，出点位置关键帧记录了片段最后的时间。

【时间重映射】属性的关键帧值代表图层原本的时间，关键帧所处的位置则代表时间重映射后的时间。只剩一个关键帧时，等效于将图层在该关键帧值代表的时间点处冻结。在删除所有的关键帧后，【时间重映射】属性不会像其他属性一样失活，而是会被直接删除。通过重新排列【时间重映射】属性的关键帧，用户可以延长、压缩、回放或者冻结图层持续时间条的某个部分。例如将 10 秒的关键帧移动到 4 秒，在图表编辑器中查看值曲线和速度曲线，效果如图 8-21 所示。

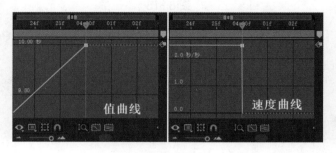

图 8-21

从上图可见，重新排列关键帧后，图层的时间流逝速度发生了改变。观察速度曲线，可以看到图层在前 4 秒内以 2 秒 / 秒的速度播放，在之后的时间静止。同理，观察值曲线，可以看到在第 4 秒时，图层时间就已经流逝了原本的 10 秒，并在 4 ～ 10 秒呈静止状态。

8.2.2　冻结帧和冻结后帧

右击图层，在弹出的快捷菜单中选择【时间】→【冻结帧】或【在最后一帧上冻结】菜单项，如图 8-22 所示。这是时间重映射的应用，等同于在启用【时间重映射】后，After Effects 自动为图层添加一些关键帧。

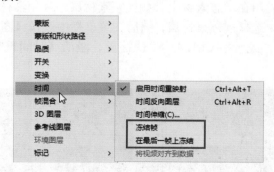

图 8-22

【冻结帧】其实是在启用【时间重映射】后，在时间指示器所在的位置添加一个双向定格关键帧，关键帧的值就是时间指示器所在的时间，如图 8-23 所示。

图 8-23

结合值曲线和速度曲线，如图 8-24 所示。可以看到图层的时间流逝完全停止，等同于用相同持续时间的当前帧图像替代了整个图层。

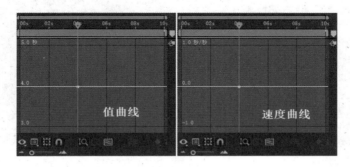

值曲线　　　　　　　速度曲线

图 8-24

【在最后一帧上冻结】则是在时间重映射的基础上将最后一个关键帧转换为单向定格关键帧，同时延长图层的持续时间，即正常播放后让画面停止于最后一帧，并额外保持一段时间，如图 8-25 所示。

图 8-25

8.2.3 实战——制作视频画面出现故障效果

本例将首先为图层添加【时间重映射】属性，然后添加关键帧并将其设置为定格关键帧，最后添加【不透明度】属性关键帧，从而完成视频画面出现故障效果。

<< 扫码获取配套视频课程，本节视频课程播放时长约为 1 分 10 秒。

配套素材路径：配套素材\第8章
素材文件名称：制作视频画面出现故障素材.aep

操作步骤 ┃┃┃

Step by Step

第1步 打开本例的素材文件"制作视频画面出现故障素材.aep"，选中【交通安全.mp4】图层，按快捷键 Ctrl+Alt+T 添加【时间重映射】属性，此时图层已自动为该视频添加了两个关键帧，关键帧的起始位置的设置以该视频的时长为依据，如图 8-26 所示。

图 8-26

第2步 选中【交通安全.mp4】图层，将时间指示器移动到第 12 秒处，添加一个关键帧并右击，在弹出的快捷菜单中选择【切换定格关键帧】菜单项，如图 8-27 所示。

图 8-27

第3步 选中【交通安全.mp4】图层，按 T 键调出【不透明度】属性，开启其自动关键帧，从第 12 秒开始，每隔 2 秒添加一个关键帧，连续添加 5 个关键帧，并分别设置其【不透明度】属性值为 100%、0%、100%、0% 和 100%，从而模拟视频损坏时的画面闪烁效果，如图 8-28 所示。

图 8-28

第4步 拖动时间指示器即可查看制作的视频画面出现故障效果，如图 8-29 所示。

图 8-29

8.3 匹配运动与配音

除了画面展示之外，声音也是动画的重要组成部分。好的声音效果会使 MG 动画的整体效果提高一个档次。后期剪辑需要调整动画与配音是否同步，以及内容删减，以便动画整体的观看效果更加流畅。匹配好声音能够让动画变得更加精彩、有趣。其实，声音也有很多种类，也可以根据不同的场景来安排不同的声音素材。

8.3.1 认识波形图

声音的本质是能引起人类听觉的机械波，它不是物质的传播，而是振动状态和能量的传播。波形图又称振幅图，是一种用来表达音频的音量随时间变化的图表。波形图的横轴代表音频的时间，纵轴代表音频的音量。在 After Effects 中，展开【音频】图层的【音频】→【波形】属性，就可以看到音频的波形图，如图 8-30 所示。

图 8-30

进入图表编辑器，单击【选择图表类型和选项】按钮，然后选择【显示音频波形】选项，如图 8-31 所示，用户还可以在图表编辑器中将音频波形作为背景显示。

图 8-31

创建一个形状图层并为其添加【不透明度】属性关键帧，选中【形状图层 1】图层的【不透明度】属性和音频图层，可以在图表编辑器中同时观察到动画属性的速度 / 值曲线和音频的波形图，这样更有助于用户调整元素运动和音频节奏的匹配关系，如图 8-32 所示。

图 8-32

8.3.2 匹配音效

音效在 MG 动画中是非常重要的一个元素，它主要是用来增强动画的现场真实感，提高 MG 动画的真实性。动画与音效匹配，需要关注的是音频的起始时间和结束时间。一般情况下，音效的波形图比音频的更加简单，一般音效的波形图如图 8-33 所示。

图 8-33

音效的波形图一般持续时间较短，波形图的波峰和波谷十分容易辨认。音效一般对应一种明确的物理现象，例如心脏跳动的咚咚声、开门的吱吱声。音效的开始时间和结束时间也十分明确，例如开门时吱吱声响起，当响声结束就意味着开门停止。因此对于大部分音效来说，用户只需要注意动画的开始时间和结束时间与音效匹配即可。

8.3.3　匹配音乐节奏

在制作MG动画的过程中，背景音乐主要有两个作用。第一，当背景音乐和人声同时出现的时候，背景音乐是以一种辅助的身份出场的，它默默在背后衬托人声、渲染画面的氛围，从而达到刺激人们的听觉。第二，当没有人声出场的时候，背景音乐便负责主场、填白的工作，不会让持续播放的画面出现突然冷场的情况，保证了整部动画的步调一致性。匹配背景音乐与动画，需要注意动画和背景音乐的节奏，可以适当踩点，音乐的波形图就较为复杂，一般情况下音乐的波形图如图8-34所示。

图8-34

音乐的波形图一般声音的持续时间较长，波谷难以辨认，波峰处的音量和附近相差不大，基本没有音量为0的时段。

在MG动画中，音乐部分大多是背景音乐以及穿插在动画中的场景音乐。背景音乐来自于平时对音乐素材的积累，也可以邀请专业的声音工作室进行背景音乐的定制创作。场景音乐通常与MG动画内容相搭配，是内容的一个补充。需要注意的是音乐一定要与MG动画的内容相匹配，否则再好的音乐也不能起到好的效果。

8.3.4　实战——制作闹钟响铃音效动画

本例将首先调整音效的时间持续条，使其在恰当的位置出现，让音效与动画相匹配，然后设置一些关键帧动画，最后设置拟声效果图层的时间持续条，将图层与动画效果相匹配，从而完成闹钟响铃音效动画。

<< 扫码获取配套视频课程，本节视频课程播放时长约为1分42秒。

配套素材路径：配套素材\第8章
素材文件名称：制作闹钟响铃音效动画素材.aep

操作步骤   Step by Step

第1步 打开本例的素材文件"制作闹钟响铃音效动画素材 .acp"，将【项目】面板中的【滴答音效 .wav】和【闹铃声 .wav】拖曳到【闹钟响铃动画】合成中，调整【闹铃声 .wav】图层的持续时间条，使闹铃声在第 4 秒时开始，调整【滴答音效 .wav】图层的持续时间条，使滴答音效在第 4 秒时结束，如图 8-35 所示。

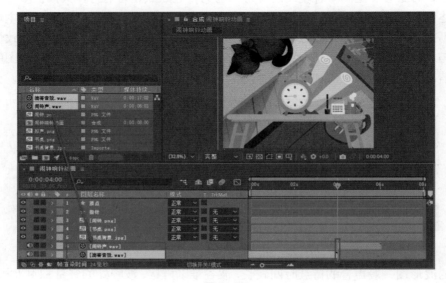

图 8-35

第2步 将时间指示器移动到第 0 秒处，选中【指针】图层，按 R 键调出【旋转】属性，并开启其自动关键帧，将时间指示器移动到第 4 秒处，并设置【旋转】属性为 0x+90°，使指针指向到 12 点，如图 8-36 所示。

图 8-36

第3步 选中【原点】和【指针】两个图层，将【闹钟 .png】图层设置为这两个图层的父级，让指针跟随闹钟一起运动，如图 8-37 所示。

图 8-37

第 4 步 选中【闹钟 .png】图层，按 R 键调出【旋转】属性，将时间指示器移动到第 4 秒处，
开启【旋转】属性自动关键帧，按 PageDown 键向后移动一帧，设置【旋转】属性为 0x-
4°，按 PageDown 键向后移动一帧，设置【旋转】属性为 0x+4°，重复上述操作，分别设置
【旋转】属性为 0x-4°、0x+4°、0x+0°，如图 8-38 所示。

图 8-38

第 5 步 将【项目】面板中的【拟声 .png】拖曳到合成中，并放置在【闹钟 .png】图层上
方，调整其持续时间条，使【拟声 .png】图层的时间持续条与【闹钟 .png】图层中的【旋转】
关键帧长度一样，即起止时间为 4 秒～ 4 秒 05 帧，如图 8-39 所示。

图 8-39

第 6 步 此时，拖动时间指示器即可查看制作的闹钟响铃音效动画效果，如图 8-40 所示。

图 8-40

8.4 实战案例与应用

本节将通过一些范例应用，如制作生成树木动画、制作拨号动画等，练习上机操作，以达到对物体运动动画巩固学习、拓展提高的目的。

8.4.1 制作生成树木动画

本例将首先调整树木图层锚点位置，然后添加【缩放】属性动画，将其调节成回弹停止的运动状态，最后调节关键帧的位置，使动画之间存在一些重叠，从而制作生成树木动画。

<< 扫码获取配套视频课程，本节视频课程播放时长约为 1 分 43 秒。

配套素材路径：配套素材\第8章
素材文件名称：制作生成树木动画素材.aep

操作步骤   Step by Step

第 1 步 打开本例的素材文件"制作生成树木动画素材 .aep"，使用【向后平移（锚点）工具】，将【树木 1.png】图层、【树木 2.png】图层、【树木 3.png】图层、【树木 4.png】图层的锚点移动到下边缘的中心，如图 8-41 所示。

第 2 步 选中【树木 1.png】图层、【树木 2.png】图层、【树木 3.png】图层、【树木 4.png】图层，按 S 键调出这些图层的【缩放】属性，如图 8-42 所示。

第 3 步 分别在第 1 秒、第 2 秒、第 3 秒、第 4 秒处，开启【树木 1.png】图层、【树木 2.png】图层、【树木 3.png】图层、【树木 4.png】图层的【缩放】属性自动关键帧，如图 8-43 所示。

图 8-41

图 8-42

图 8-43

第4步 分别在第 0 秒、第 1 秒、第 2 秒、第 3 秒处，设置【树木 1.png】图层、【树木 2.png】图层、【树木 3.png】图层、【树木 4.png】图层的【缩放】属性为 0%，并设置这些关键帧为缓动关键帧，如图 8-44 所示。

图 8-44

第 5 步 进入图表编辑器，分别调整【树木 1.png】图层、【树木 2.png】图层、【树木 3.png】图层、【树木 4.png】图层的【缩放】属性的曲线形状，使其先快后慢，同时有一定的回弹，曲线形状如图 8-45 所示，这 4 个图层的曲线形状大致都相同。

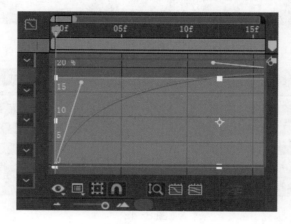

图 8-45

第 6 步 调节关键帧的位置，使动画之间存在一些重叠，如图 8-46 所示。

图 8-46

第 7 步 拖动时间指示器即可查看制作的生成树木动画效果，如图 8-47 所示。

图 8-47

8.4.2 制作拨号动画

本例将首先使用【椭圆工具】 绘制正圆形将拨号按键覆盖，然后设置关键帧动画，制作出一个简易的播放按钮动画，然后创建一个文本图层，制作输入号码动画，最后匹配拨号音效以及拨号中效果，从而完成拨号动画。

<< 扫码获取配套视频课程，本节视频课程播放时长约为 3 分 3 秒。

配套素材路径：配套素材\第8章
素材文件名称：制作拨号动画素材.aep

操作步骤   Step by Step

第1步 打开本例的素材文件"制作拨号动画素材.aep"，选择【椭圆工具】 ，按住 Shift 键绘制一个大小和手机按键差不多的正圆形，并将其拖曳至正好覆盖按键 1 的位置，如图 8-48 所示。

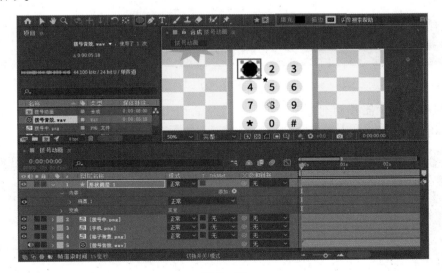

图 8-48

第2步 复制出 3 个这样的圆形（形状图层），并分别拖曳至覆盖按键 2、3、4 的位置，如图 8-49 所示。

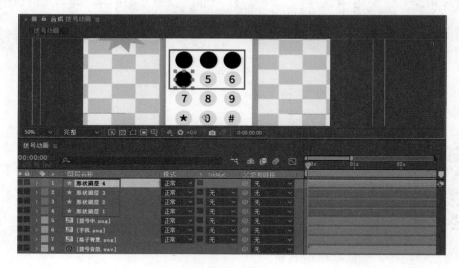

图 8-49

第3步 选中【形状图层 1】图层，按 T 键调出【不透明度】属性，在第 1 秒处设置【不透明度】为 30%，并开启其自动关键帧；在第 22 帧处设置【不透明度】属性为 0%，如图 8-50 所示。

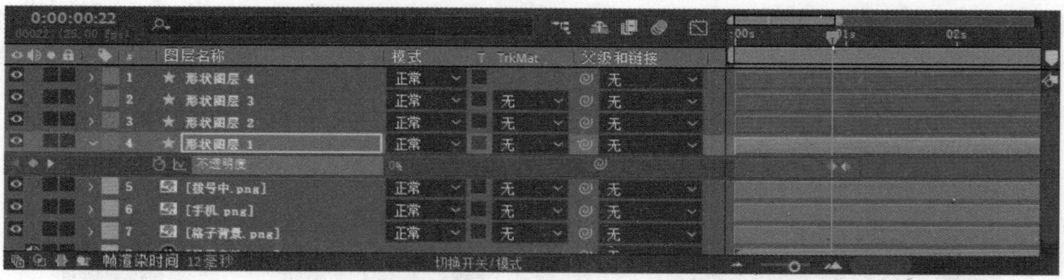

图 8-50

第4步 将时间指示器移动到第 1 秒处，按 3 下 PageDown 键向后移动 3 帧，设置【形状图层 1】图层的【不透明度】属性为 0%，如图 8-51 所示。

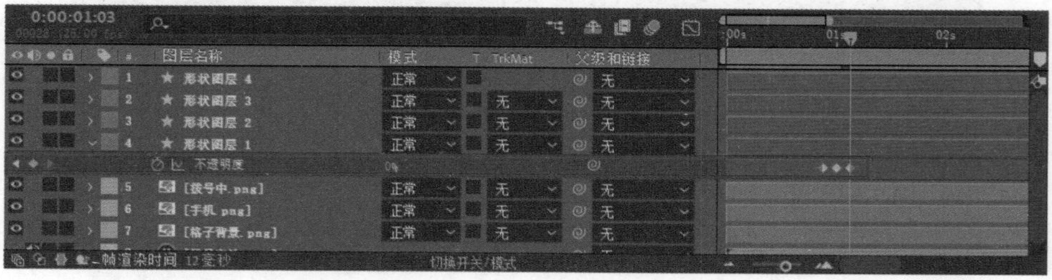

图 8-51

第 5 步 选中上述【不透明度】属性的 3 个关键帧，按快捷键 Ctrl+C 复制，然后选中【形状图层 2】图层，按 T 键调出【不透明度】属性，将时间指示器移动到第 1 秒 20 帧处，按快捷键 Ctrl+V 粘贴，如图 8-52 所示。

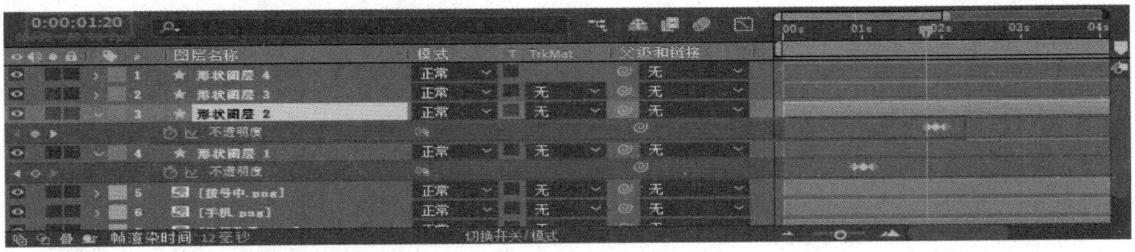

图 8-52

第 6 步 选中【形状图层 3】图层，将时间指示器移动到第 2 秒 15 帧处，按快捷键 Ctrl+V 粘贴，如图 8-53 所示。

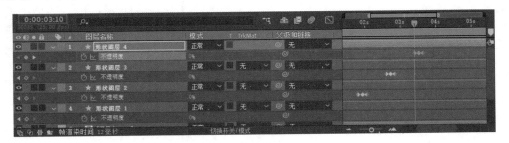

图 8-53

第 7 步 选中【形状图层 4】图层，将时间指示器移动到第 3 秒 10 帧处，按快捷键 Ctrl+V 粘贴，这样就快速使【形状图层 1】、【形状图层 2】、【形状图层 3】和【形状图层 4】做好了相同的动画，如图 8-54 所示。

图 8-54

第 8 步 选中所有的关键帧，按 F9 键将其转换为缓动关键帧，这样一个简易的播放按钮动画就做好了，如图 8-55 所示。

第 9 步 选中【横排文字工具】，设置字体大小为 92、字体颜色为黑色，并居中对齐文本，创建一个文本图层，将文本图层移动到手机上方的中间位置，如图 8-56 所示。

图 8-55

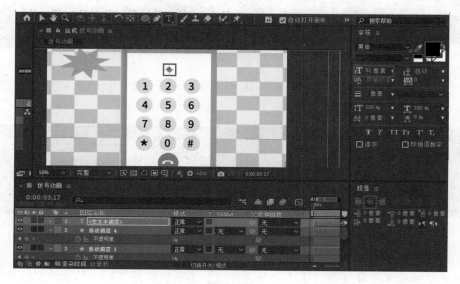

图 8-56

第10步 展开文本图层的【文本】属性，激活【源文本】自动关键帧，将时间指示器移动到第 1 秒处，输入 1；将时间指示器移动到第 1 秒 23 帧处，输入 12；将时间指示器移动到第 2 秒 18 帧处，输入 123；将时间指示器移动到第 3 秒 13 帧处，输入 1234，创建出如图 8-57 所示的关键帧。

图 8-57

第11步 展开【拨号音效 .wav】图层的【音频】→【波形】，观看波形，通过其波形调整音频出现的位置，此时可以观察到大概在 3 秒 24 帧处为开始位置，如图 8-58 所示。

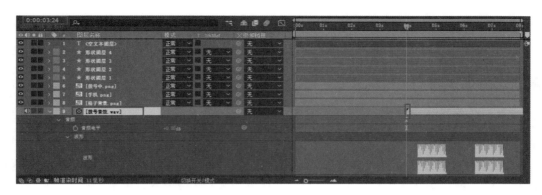

图 8-58

第12步 在该时间位置，开启【拨号中 .png】图层的【不透明度】属性的自动关键帧，向前移动 1 帧，设置【不透明度】属性为 0%，如图 8-59 所示。

图 8-59

第13步 拖动时间指示器即可查看制作的拨号动画效果，如图 8-60 所示。

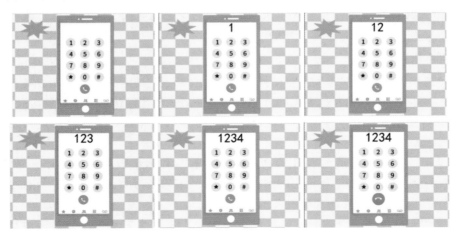

图 8-60

8.5　思考与练习

一、填空题

1. 在动画制作过程中，为了能够达到更为真实的动画效果，需要将动画调节为_____状态，这样更符合观众的常规认知。

2. 如果想要查看制作动画元素的运动速度，一般是通过查看_____和_____来观察元素的运动状态。

3. 值曲线和速度曲线是指在【图表编辑器】中_____和_____中的曲线。通过这两条曲线，用户可以观察元素在时间轴上的位置，从而掌握速度随着时间的变化程度。

4. 物体保持静止状态或匀速直线运动状态的性质，称为_____。

5. _____同惯性一样，也是一种物理性质，是指物体发生形变后，能恢复原来大小和形状的性质。

6. 由慢渐快启动类运动在视觉上一般表现为前一个阶段运动缓慢，后一阶段运动迅速。它的优点是_____平滑，在快速阶段能够很好地吸引观众的注意力，缺点是慢速阶段较为枯燥。

7. _____一般在制作物品掉落地面的动画时使用，表现物品坠落后多次弹起最终停止的运动状态。

8. 添加【时间重映射】后会自动在视频层的_____和_____位置加入两个关键帧，入点位置关键帧记录了片段起始帧时间，出点位置关键帧记录了片段最后的时间。

9. 在删除所有的关键帧后，【时间重映射】属性不会像其他属性一样失活，而是会被直接_____。

10. 【冻结帧】其实是在启用【时间重映射】后，在时间指示器所在的位置添加一个_____关键帧，关键帧的值就是时间指示器所在的时间。

11. 波形图又称振幅图，是一种用来表达音频的音量随时间变化的图表。波形图的横轴代表音频的_____，纵轴代表音频的_____。

二、判断题

1. 除了添加图形元素和设置关键帧外，制作 MG 动画还有一个关键步骤就是调整动画的速度。如果所有的元素都是匀速变化的，那么动画效果就会显得缺乏一些真实感。　　（　　）

2. 在现实世界中，几乎没有任何运动是绝对匀速的，可以说变速运动是物理运动的一种主要表现形式。　　（　　）

3. 对于由多个元素组成的 MG 动画来说，尽量不要让每个元素的运动状态都不相同。通过让每个元素在运动速度、方向、大小或起始时间不同来为动画添加一些随机性，从而增加画面的丰富性，避免让观众产生一成不变的观感。　　（　　）

4. 惯性也可以理解为物体会在速度的方向和大小上发生突变。与非匀速运动相同，符合惯性的元素在运动时往往比速度突变的元素更加有趣且真实。　　（　　）

5. 运动结束时由高速直接转换为静止是符合物体的惯性规律的。　　　（　　）

6. 回弹停止的优点是同时包含正负两个方向的速度，使动画的内容更为丰富，同时结尾处的回弹达到了类似过渡的效果，以至于不会使画面过分突兀。　　　（　　）

7. 重置时间可以随时重新设置素材片段播放速度，它可以设置关键帧，创作出各种时间变速动画。重置时间可以应用在动态素材上，如视频素材层、音频素材层和嵌套合成等。
　　　（　　）

8. 【时间重映射】属性的关键帧值代表图层原本的时间，关键帧所处的位置则代表时间重映射后的时间。只剩一个关键帧时，等效于将图层在该关键帧值代表的时间点处冻结。（　　）

9. 通过重新排列【时间重映射】属性的关键帧，用户可以延长、压缩、回放或者冻结图层持续时间条的某个部分。　　　（　　）

10. 【在最后一帧上冻结】则是在时间重映射的基础上将最后一个关键帧转换为双向定格关键帧，同时延长图层的持续时间，即正常播放后让画面停止于最后一帧，并额外保持一段时间。　　　（　　）

11. 音效的波形图一般持续时间较短，波形图的波峰和波谷十分容易辨认。音效一般对应一种明确的物理现象，例如心脏跳动的咚咚声、开门的吱吱声。　　　（　　）

12. 音乐的波形图一般声音的持续时间较长，波谷难以辨认，波峰处的音量和附近相差很大，基本没有音量为0的时段。　　　（　　）

三、简答题

1. 如何查看制作动画元素的运动速度？

2. 如何激活【时间重映射】属性？添加【时间重映射】后视频层会出现什么变化？

第 9 章

综合应用案例——
制作批阅数学笔记动画

本章主要通过一个综合案例，全面讲解使用 After Effects 制作一个完整的 MG 动画项目的过程。通过对本章内容的学习，读者可以掌握常用 MG 动画制作技巧方面的知识，为深入学习制作 MG 动画知识奠定基础。

9.1 创建背景

　　如果要从零开始制作一个MG动画，在剧本、分镜均已确定的前提下，剩下的只有软件操作了。软件操作的第一步便是创建背景。下面详细介绍其操作方法。

　　≪ 扫码获取配套视频课程，本节视频课程播放时长约为 1 分 6 秒。

　配套素材路径：配套素材\第9章
　素材文件名称：数学笔记.png、钢笔.png

▌**操作步骤**　　　　　　　　　　　　　　　　　　Step by Step

第1步 启动 After Effects 2022 软件，进入其操作界面。选择【合成】→【新建合成】菜单项，如图 9-1 所示。

第2步 弹出【合成设置】对话框，设置【合成名称】为"批阅数学笔记"，设置【宽度】和【高度】分别为 1024px 和 768px、【帧速率】为 25 帧 / 秒、【持续时间】为 8 秒，单击【确定】按钮，如图 9-2 所示。

图 9-1

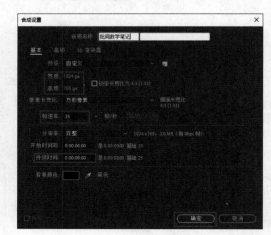

图 9-2

第3步 在【项目】面板空白处双击，弹出【导入文件】对话框，选中本例的素材文件，单击【导入】按钮，如图 9-3 所示。

第4步 将【钢笔 .png】和【数学笔记 .png】，拖曳到合成中，并分别设置其【缩放】参数为 10% 和 25%，如图 9-4 所示。

图 9-3

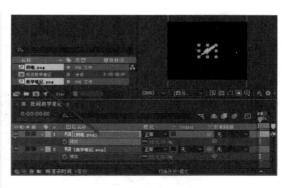

图 9-4

第 5 步 按快捷键 Ctrl+Y，打开【纯色设置】对话框，设置【名称】为背景、【颜色】为浅橙色，单击【确定】按钮，如图 9-5 所示。

第 6 步 将创建好的纯色图层拖曳到最底层，此时在【合成】面板中可以预览创建好的背景效果，如图 9-6 所示。

图 9-5

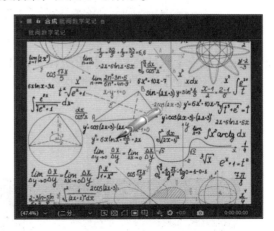

图 9-6

9.2 制作笔迹动画

完成背景的创建后，接下来就需要制作 MG 动画详细的元素内容了，首先使用【钢笔工具】绘制出一个笔迹，然后为形状图层添加效果，并制作关键帧动画，从而完成作笔迹动画。

<< 扫码获取配套视频课程，本节视频课程播放时长约为 1 分 23 秒。

操作步骤

第1步 选中【钢笔工具】✎，设置【填充】为无、【描边宽度】为5、【描边颜色】为红色，绘制出一个带曲率的勾状，同时系统会自动创建出一个形状图层，如图9-7所示。

图 9-7

第2步 选中【形状图层1】图层，展开【内容】属性，单击右侧的【添加动画】按钮▶️，选择【修剪路径】选项，为【形状图层1】添加该效果，如图9-8所示。

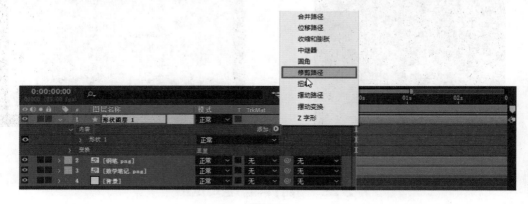

图 9-8

第3步 展开【修剪路径1】属性，将时间指示器移动到第0秒处，设置【结束】属性为0%，并开启其自动关键帧，将时间指示器移动到1秒20帧处，设置【结束】属性为100%，如图9-9所示。

第4步 选中刚刚设置好的关键帧，按F9键，将其转换为缓动关键帧，如图9-10所示。

第5步 进入图表编辑器，调节值曲线，使其先快后慢，如图9-11所示。

图 9-9

图 9-10

图 9-11

第6步 退出图表编辑器,选中【钢笔 .png】图层,按 P 键调出【位置】属性,将时间指示器移动到起始帧处,开启其自动关键帧。依据红色笔迹的位置调节钢笔的位置,使钢笔笔尖与红色笔迹的位置重合,如图 9-12 所示。

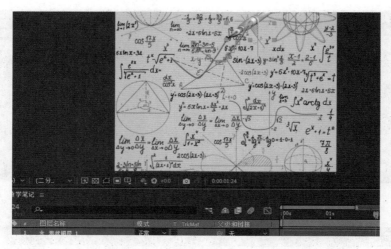

图 9-12

第7步 拖曳时间指示器即可查看制作的钢笔绘制笔迹动画，如图 9-13 所示。

图 9-13

9.3　制作批阅文字动画

首先创建一个文本图层，然后输入文本，接着使用【钢笔工具】
绘制一个曲线遮罩，最后设置【首字边距】动画关键帧，从而完成批阅
文字动画效果。

＜＜ 扫码获取配套视频课程，本节视频课程播放时长约为 1 分。

操作步骤

Step by Step

第1步 在【时间轴】面板的空白处右击，在弹出的快捷菜单中选择【新建】→【文本】菜单项，如图 9-14 所示。

第2步 在【合成】面板中输入文字"基本推理过程要写出来"，设置字体、字体大小，并设置字体颜色为红色，单击【粗体】按钮 **T**，如图 9-15 所示。

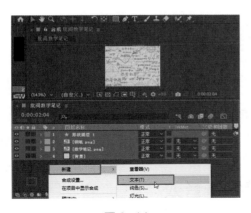

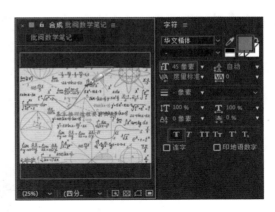

图 9-14	图 9-15

第 3 步 选择【钢笔工具】，在文字图层上绘制一个曲线蒙版（沿着之前创建的笔迹绘制蒙版路径），如图 9-16 所示。

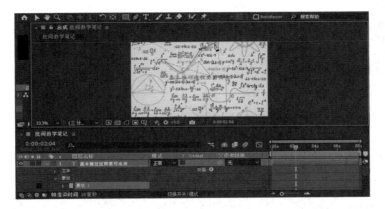

图 9-16

第 4 步 打开【文本】图层下的【文本】→【路径选项】，设置【路径】为"蒙版 1"，将时间指示器移动到起始帧位置处，开启【首字边距】的自动关键帧，设置【首字边距】为 −815；最后将时间指示器移动到第 2 秒 15 帧的位置，设置【首字边距】为 0，如图 9-17 所示。

图 9-17

第 5 步 拖动时间指示器即可查看最终制作的批阅文字动画效果，如图 9-18 所示。

图 9-18

9.4　匹配钢笔划纸音效

音效的作用在于进一步增强画面与环境的真实性与节奏感，对于
MG 动画是一个很好的补充。下面详细介绍给动画匹配钢笔划纸音效的
操作方法。

<< 扫码获取配套视频课程，本节视频课程播放时长约为 46 秒。

配套素材路径：配套素材\第9章
素材文件名称：打钩音效.MP3

操作步骤

Step by Step

第 1 步 将素材文件"打钩音效 .MP3"导入到【项目】面板，并拖曳至【时间轴】面板中，
将其移动至最底层，如图 9-19 所示。

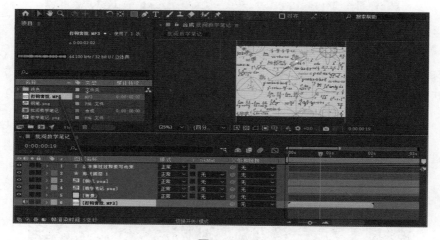

图 9-19

第2步 展开【打钩音效 .mp3】图层的【音频】→【波形】，观看波形，通过其波形调整音频出现的位置，将前面没有波形的区域裁剪掉，如图 9-20 所示。

图 9-20

第3步 将【打钩音效 .mp3】图层的时间持续条移动至起始帧位置，右击该图层，在弹出的快捷菜单中选择【时间】→【时间伸缩】菜单项，如图 9-21 所示。

图 9-21

第4步 弹出【时间伸缩】对话框，设置【新持续时间】为 5 秒 08 帧，单击【确定】按钮，如图 9-22 所示。调整音效时间的时间伸缩会让音效与动画更匹配。

图 9-22

9.5　制作片尾 Logo 动画

　　　　一部 MG 动画通常还需要有个片尾动画，用来呈现相关信息，例如片尾呈现 MG 动画的 Logo。下面详细介绍制作片尾 Logo 动画的操作方法。

≪ 扫码获取配套视频课程，本节视频课程播放时长约为 1 分 31 秒。

 配套素材路径： 配套素材\第9章
素材文件名称： Logo.png

操作步骤　　　　　　　　　　　　　　　　　　　　Step by Step

第1步 将素材文件"Logo.png"导入到【项目】面板，并拖曳至【时间轴】面板中，将其移动到最顶层，调整【Logo.png】图层的时间持续条，让其在【打钩音效.MP3】图层的结尾处出现，并与【背景】图层的结尾对齐，最后将其他图层的时间持续条的结尾与【Logo.png】图层的出现位置对齐，如图 9-23 所示。

图 9-23

第2步 选中【Logo.png】图层，将时间指示器移动到第 5 秒 08 帧处，按 S 键调出【缩放】属性值设置为 0%，并开启自动关键帧；将时间指示器移动到第 7 秒 17 帧处，设置【缩放】属性值为 100%，选中这两个关键帧，按 F9 键将其转换为缓动关键帧，如图 9-24 所示。

第3步 使用【横排文字工具】**T** 在【合成】面板中输入文字"批阅数学笔记动画"，设置字体、字体大小，并设置字体颜色为浅蓝色，单击【粗体】按钮**T**，如图 9-25 所示。

第4步 选中文字图层，按 T 键调出【不透明度】属性，将时间指示器移动到第 5 秒 08 帧处，设置属性值为 0% 并开启自动关键帧；将时间指示器移动到第 7 秒 17 帧处，设置【不透明度】

属性值为 100%，如图 9-26 所示。

图 9-24

图 9-25

图 9-26

第 5 步 拖动时间指示器即可查看制作的批阅数学笔记动画，如图 9-27 所示。

图 9-27